Fachwissen Technische Akustik

Diese Reihe behandelt die physikalischen und physiologischen Grundlagen der Technischen Akustik, Probleme der Maschinen- und Raumakustik sowie die akustische Messtechnik. Vorgestellt werden die in der Technischen Akustik nutzbaren numerischen Methoden einschließlich der Normen und Richtlinien, die bei der täglichen Arbeit auf diesen Gebieten benötigt werden.

Gerhard Müller · Michael Möser
Herausgeber

Schallwirkungen beim Menschen

Herausgeber
Gerhard Müller
Lehrstuhl für Baumechanik
Technische Universität München
München, Deutschland

Michael Möser
Institut für Technische Akustik
Technische Universität Berlin
Berlin, Deutschland

Fachwissen Technische Akustik
ISBN 978-3-662-55435-7 ISBN 978-3-662-55436-4 (eBook)
DOI 10.1007/978-3-662-55436-4

Die Deutsche Nationalbibliothek verzeichnet diese Publikation in der Deutschen Nationalbibliografie; detaillierte bibliografische Daten sind im Internet über http://dnb.d-nb.de abrufbar.

Springer Vieweg

Dieser Beitrag wurde zuerst veröffentlicht in: G. Müller, M. Möser (Hrsg.), Taschenbuch der Technischen Akustik, Springer Nachschlagewissen, Springer-Verlag Berlin Heidelberg 2015, DOI 10.1007/978-3-662-43966-1_4-1

Gedruckt auf säurefreiem und chlorfrei gebleichtem Papier

Springer Vieweg ist Teil von Springer Nature
Die eingetragene Gesellschaft ist Springer-Verlag GmbH Deutschland
Die Anschrift der Gesellschaft ist: Heidelberger Platz 3, 14197 Berlin, Germany

Inhaltsverzeichnis

Autorenverzeichnis

Hugo Fastl Lehrstuhl f. Mensch-Maschine-Kommunikation, Technische Universität München, München, Deutschland

Christian Maschke Landesamt für Umwelt Brandenburg, Bereich Fluglärm, Potsdam, Deutschland

Schallwirkungen beim Menschen

Christian Maschke und Hugo Fastl

Zusammenfassung

Im Innenohr werden Luftschwingungen in bioelektrische Impulse transformiert. Diese Nervenimpulse werden über verschiedene Stationen der Hörbahn weitergeleitet, wobei eine deutliche Reduktion der Datenmenge (bit/s) stattfindet. Parallel zur Verarbeitung im Hörsystem werden vegetative, hormonelle und emotionalen Funktionseinheiten aktiviert. Die bewusste Wahrnehmung, oft als Hörempfindung oder Hörereignis bezeichnet, entsteht am Ende der Hörbahn in der Hörrinde (Cortex).

Als Basis zur Beschreibung von Wahrnehmungsgrößen dient das Phänomen der Maskierung bei dem (Nutz-)Schalle durch (Stör-)Schalle unhörbar oder bei teilweiser Maskierung (Drosselung) in ihrer Stärke deutlich reduziert werden. Von besonderer Bedeutung für das Hörereignis ist die wahrgenommene Lautstärke (Lautheit), die vor allem vom Schalldruckpegel, der Bandbreite, der Frequenzlage und der Dauer von Schallen abhängt. Die Hörempfindung Tonhöhe hängt primär von der Frequenz ab, jedoch wird sie auch vom Schallpegel oder teilweise maskierenden Schallen beeinflusst. Das Phänomen, dass bei gleicher Tonhöhe (pitch height) deren Deutlichkeit oder Ausgeprägtheit (pitch strength) erheblich variieren kann, beschreibt die Hörempfindung Ausgeprägtheit der Tonhöhe. Beispielsweise erzeugen Linienspektren wie Sinustöne wesentlich ausgeprägtere Tonhöhen als stochastische Signale wie Tiefpassrauschen. Darüber hinaus weicht bei kurzen Signalen die wahrgenommene Schallereignisdauer (Subjektice Dauer) erheblich von der physikalischen Dauer ab. Für eine gleich wahrgenommene Dauer von Impulsen und Pausen müssen

C. Maschke (✉)
Landesamt für Umwelt Brandenburg, Bereich Fluglärm,
Potsdam, Deutschland
E-Mail: christian.maschke@lugv.brandenburg.de

H. Fastl
Lehrstuhl f. Mensch-Maschine-Kommunikation,
Technische Universität München, München, Deutschland
E-Mail: fastl@ei.tum.de

G. Müller, M. Möser (Hrsg.), *Schallwirkungen beim Menschen*, Fachwissen Technische Akustik,
DOI 10.1007/978-3-662-55436-4_4

letztere physikalisch etwa die dreifache Länge aufweisen. Für die Rhythmuswahrnehmung bedeutet dies in musikalischer Notation, dass eine Achtelnote mit 100 ms Dauer als gleich lang wahrgenommen wird wie eine Achtelpause mit 380 ms Dauer. Die Wahrnehmung von Schallvariationen wird durch die Hörempfindungen Schwankungsstärke und Rauigkeit beschrieben. Beide weisen als Funktion der Modulationsfrequenz eine Bandpasscharakteristik auf, die für die Schwankungsstärke um 4 Hz, für die Rauigkeit jedoch um 70 Hz zentriert ist.

Eine übermäßige Beschallung kann zu einer Schädigung des Gehörs führen. Bei einer zu hohen Schallintensität oder einer zu langen Einwirkdauer mit einer unphysiologischen Stoffwechsellage, treten Ermüdungserscheinungen im Innenohr auf, die zeitweilige aber auch bleibende Hörverluste hervorrufen können. Neben dem Arbeitslärm nimmt der Freizeitlärm, mit einer Gehörgefährdung durch z. B. übermäßige MP3-Player Nutzung, Diskothekenbesuche ebenso wie durch übermäßiges Heimwerken an Bedeutung zu. Ein vermindertes Hörvermögen muss als starkes soziales Handikap eingestuft werden. Neben dem Hörverlust gehören Kommunikationsstörung und Ohrgeräusche (Tinitus) zu den markanten lärmbedingten Beeinträchtigungen des Gehörs.

Jede Art von Beschallung ist auch ein individuelles Erlebnis mit einer entsprechenden vegetativen und hormonellen Reaktion. Während „Schall" die physikalisch-akustische Komponente beschreibt, weist der Begriff „Lärm" auf diese Erlebnisebene hin. Lärm kann Aktivitäten wie Kommunikation, Konzentration, Lernen, Entspannung und Schlaf stören, wird als Belästigung bzw. Beeinträchtigung der Lebensqualität empfunden und kann langfristig Gesundheitsstörungen auslösen bzw. begünstigen. Grundsätzlich können alle mentalen Leistungen und solche körperlichen Tätigkeiten, die einer besonderen geistigen Kontrolle bedürfen, durch Lärm beeinträchtigt werden, Dies zeigt sich z. B. in der lärmbedingten Verschlechterung intellektueller Leistungen bei Kindern in der Schule. Durch nächtlichen Lärm kann der Schlaf und damit der nächtliche „Regenerationsprozess" empfindlich gestört werden. Grundsätzlich muss die häufige lärmbedingte Störung des Schlafverlaufs als gesundheitlich kritisch eingestuft werden. Der Schlaf von Kindern, Schwangeren, Müttern von Kleinkindern sowie von älteren Menschen und Schichtarbeitern ist besonders leicht durch Lärm zu stören. Das Lärmerlebnis kann sich darüber hinaus auch als Belästigung in das Gedächtnis der Menschen einprägen. Belästigung drückt sich z. B. durch Unwohlsein, Angst, Bedrohung, Ärger, Ungewissheit, eingeschränktes Freiheitserleben, oder Wehrlosigkeit aus. Über vegetative und hormonelle Prozesse beeinflusst der Lärm auch die Regelung lebenswichtiger Körperfunktionen. Zu nennen sind z. B. der Blutdruck, die Herztätigkeit, die Blutfette, der Blutzuckerspiegel und hämostatische Faktoren. Da es sich dabei um klassische (endogene) Risikofaktoren für Herz-Kreislaufkrankheiten handelt, wird Lärm als (exogener) Risikofaktor für die Entwicklung von Bluthochdruck und Herzkrankheiten einschließlich Herzinfarkt und Schlaganfall angesehen.

Der Informationsgehalt des Schallereignisses und die jeweilige Situation – körperliche Arbeit, konzentriertes Nachdenken, Unterhaltung,

Schlaf –, in der ein Mensch den Lärm erlebt, sowie seine persönlichen Eigenschaften wie Konstitution, Lärmempfindlichkeit, Einstellung zur Lärmquelle einschließlich Vertrauen in die für Lärm und Lärmschutz Verantwortlichen, sind bei moderater Lärmbelastung für das Lärmerleben ebenso wichtig wie die physikalische Schallbelastung.

1 Physiologische Aspekte

1.1 Ohr

Das Ohr wird anatomisch in Außenohr, Mittelohr und Innenohr unterteilt. Das Außenohr umfasst die Ohrmuschel und den Gehörgang. Eine dünne Membran, die Trommelfell genannt wird, trennt das Außenohr vom Mittelohr, Abb. 1.

Das Mittelohr ist ein luftgefüllter Hohlraum (Paukenhöhle), in dem sich zur Schallleitung drei Gehörknöchelchen (Hammer, Amboss, Steigbügel) befinden. Der Luftdruck im Mittelohr muss an die Luftdruckveränderungen im Außenraum angepasst werden können. Deshalb besteht eine schlauchartige Verbindung (Eustachsche Röhre) zum Rachenraum. Beispielsweise beim Schlucken oder Gähnen findet so ein Druckausgleich statt. Der Hammergriff ist mit dem Trommelfell verwachsen und überträgt die Schallschwingungen des Trommelfells auf Amboss und Steigbügel, der wiederum mit dem ovalen Fenster (Innenohr)

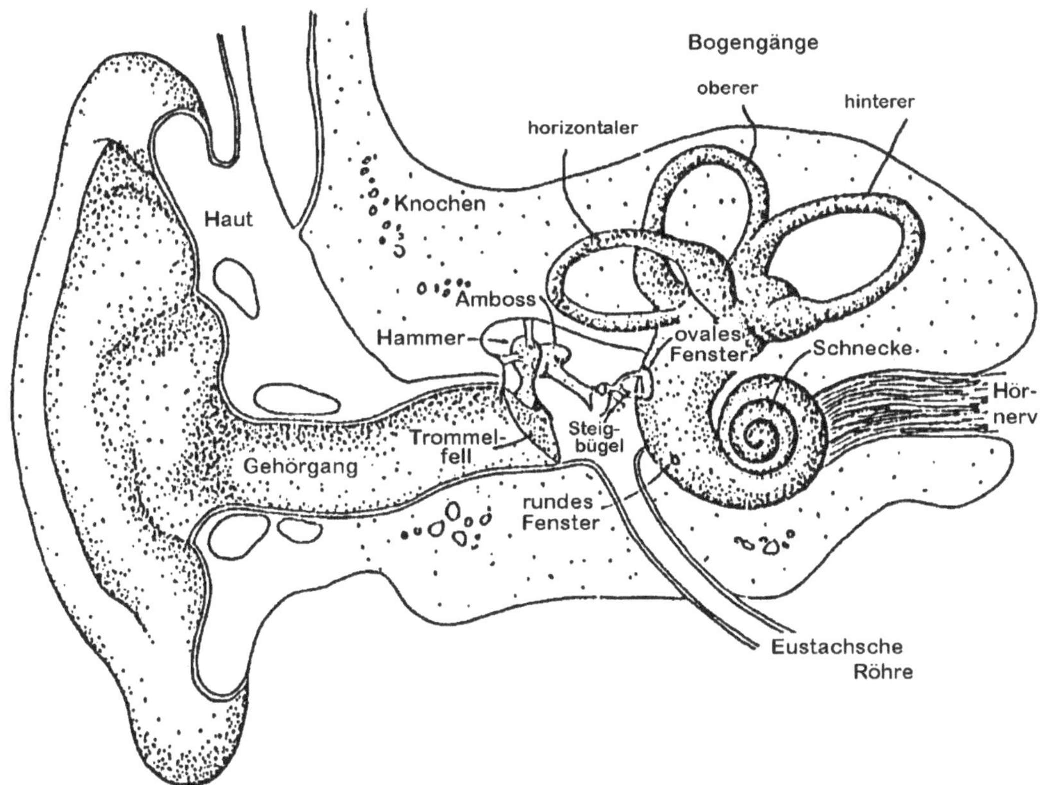

Abb. 1 Anatomie des Außen-, Mittel und Innenohres. (Quelle: [1])

verwachsen ist. An den Gehörknöchelchen setzen zwei Muskeln an, die als Trommelfellspannmuskel bzw. Steigbügelmuskel bezeichnet werden. Sie können über den akustischen Reflex eine Verminderung der Schallleitung bewirken.

Bewegungen des ovalen Fensters werden auf die Lymphflüssigkeit des Innenohres (Cochlea) übertragen. Das Innenohr ist in 2,5 Windungen schneckenförmig aufgewickelt und in drei Bereiche (Scalen) unterteilt. Die Scala vestibuli, die Scala tympani und die Scala media werden durch die Basilarmembran bzw. die Reissnersche Membran voneinander getrennt. Die Scala media ist mit Endolymphe gefüllt. Die beiden anderen Scalen, die an der Spitze der Schnecke ineinander übergehen (Helicotrema), enthalten Perilymphe. In der Perilymphe sind überwiegend Natriumionen vorhanden, in der Endolymphe dagegen Kaliumionen. Diese unterschiedliche Ionenkonzentration dient als „Batterie" für die in den Schallrezeptoren stattfindenden bioelektrischen Vorgänge.

Auf der Basilarmembran befindet sich das Cortische Organ, in dem die Schallrezeptoren, die sog. Haarzellen, eingebettet sind, Abb. 2. Die Haarzellen bestehen aus einem Zellkörper und Sinneshärchen, die als Stereozilien bezeichnet werden. Eine Auslenkung der Basilarmembran durch Bewegungen der Lymphflüssigkeit führt zu einer Scherbewegung der Stereozilien und bewirkt eine Ausschüttung von Botenstoffen in den synaptischen Spalt. Ist die Konzentration von Botenstoffen ausreichend, so werden bioelektrische Impulse (Aktionspotentiale) in der angrenzenden Nervenzelle ausgelöst. Die Anzahl der pro Zeiteinheit in der Hörbahn ausgelösten Aktionspotentiale kodiert die Lautstärkewahrnehmung (z. B. [2]).

Aufgrund der Dämpfungseigenschaften der Basilarmembran haben die Wellenbewegungen im Innenohr ihr Maximum an unterschiedlichen Orten der Basilarmembran, und zwar abhängig von der Frequenz des Schallereignisses. Durch hohe Frequenzen ausgelöste Wanderwellen steilen sich bereits in der Nähe des ovalen Fensters auf. Die Maxima tiefer Frequenzen liegen in der Nähe der Schneckenspitze. Aufgrund dieser Frequenz-Orts-Transformation ist das Gehör in der Lage, Tonhöhen zu entschlüsseln [3].

Die mechanischen Eigenschaften der Basilarmembran reichen jedoch nicht aus, die hohe Frequenzauflösung des Hörens zu erklären. Es ist nach heutigem Kenntnisstand von aktiven Prozessen in der Cochlea auszugehen. Untersuchungen von Brownell [4] zeigten, dass die äußeren Haarzellen die Fähigkeit besitzen, Kontraktionen im kHz-Bereich durchzuführen und so die Auslenkung der Basilarmembran auf einem kleinen Gebiet zu verstärken.

1.2 Hörbahn

Die Hörbahn umfasst Nervenfasern, die Nervenimpulse aus dem Innenohr zur Hörrinde leiten (afferente Hörbahn), und Nervenfasern, die Im-

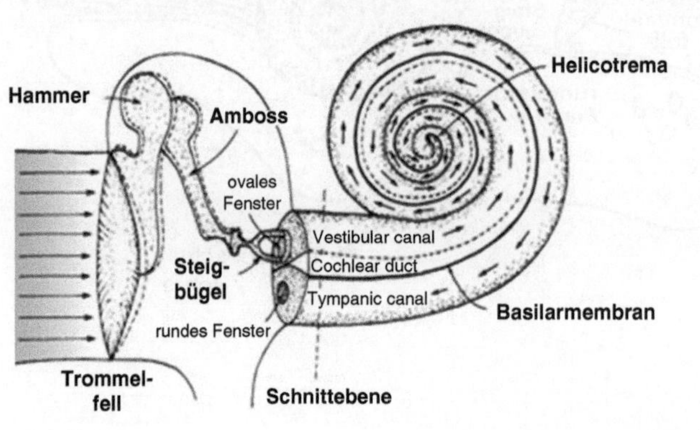

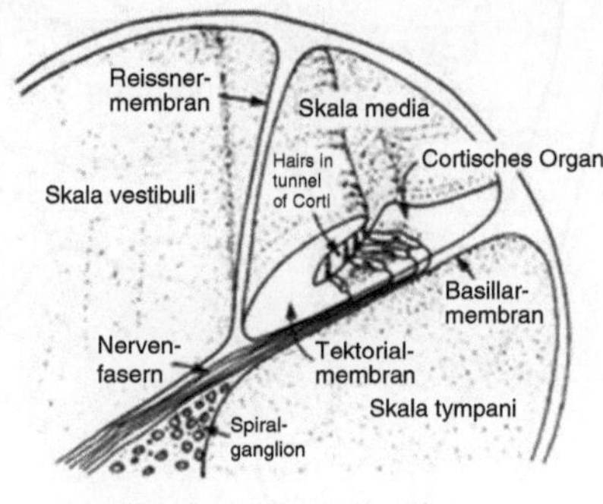

Abb. 2 Schematische Darstellung des Mittel- und Innenohres (nach [1])

pulse von höheren Verarbeitungsebenen an niedrigere Verarbeitungsebenen und zurück an das Innenohr senden (efferente Hörbahn).

Für die extraaurale Wirkung von Schall ist die afferente Hörbahn von besonderer Bedeutung. Von dieser afferenten Hörbahn zweigen auf verschiedenen Verarbeitungsebenen Nervenfasern ab und stellen direkte Verbindungen mit anderen Funktionssystemen her. Dies ist der direkte Weg der Schallaktivierung.

Die afferente Hörbahn ist stark vereinfacht mit ihren Verarbeitungsebenen und den Übergängen zu anderen Funktionssystemen in Abb. 3 dargestellt.

Die erste Verarbeitungsstation nach dem Innenohr (1) sind die Nuclei cochlearis (2) (Hörkerne). Hier teilt sich die Hörbahn und führt zu unterschiedlichen Arealen.

Ein Strang führt zur lateralen Olive (3). Der Hauptstrang führt zu der Olive, die dem erregten Ohr gegenüberliegt (kontralaterale Seite). Ein dritter Strang verlässt die Hörbahn und endet in der Formatio reticularis. Bei ihr handelt es sich um eine Zellformation, die sich vom Rückenmark bis in das Mittelhirn erstreckt. Über die Formatio reticularis wird der Aktivierungszustand bzw. der Schlaf-Wach-Rhythmus gesteuert.

Über die seitliche Schleifenbahn (Lemniscus lateralis) führt die Hörbahn weiter zur Vierhügelregion (4). In diesem Bereich findet die Frequenz- und Intensitätsauflösung statt. Es wird der Hörereignisort (Lokalisation) gebildet und es können Reflexe ausgelöst werden. Die Hörrinde (6) ist letzte Station der afferenten Hörbahn. Sie wird über den mittleren Kniekörper (5) erreicht und ist für die bewusste Wahrnehmung, das Hörereignis, verantwortlich.

Im Bereich des mittleren Kniekörpers bestehen direkte Abzweigungen von der Hörbahn zum Mandelkern (Amygdala) und zum Hypothalamus. Der Mandelkern zeichnet sich durch eine außergewöhnliche Lernfähigkeit hinsichtlich aversiver Schallreize aus (Furchtzentrum). Er kann sich bei häufig wiederholter Reizung so verändern, dass der gesamte Organismus sensibler auf aversive Geräusche reagiert [6, 7]. Im Endstadium liegt dann ein sehr schnelles und grobes Verarbeitungsmuster vor, welches auf bekannte akustische Reize (z. B. Flugzeugschalle) mit direktem Zugriff auf

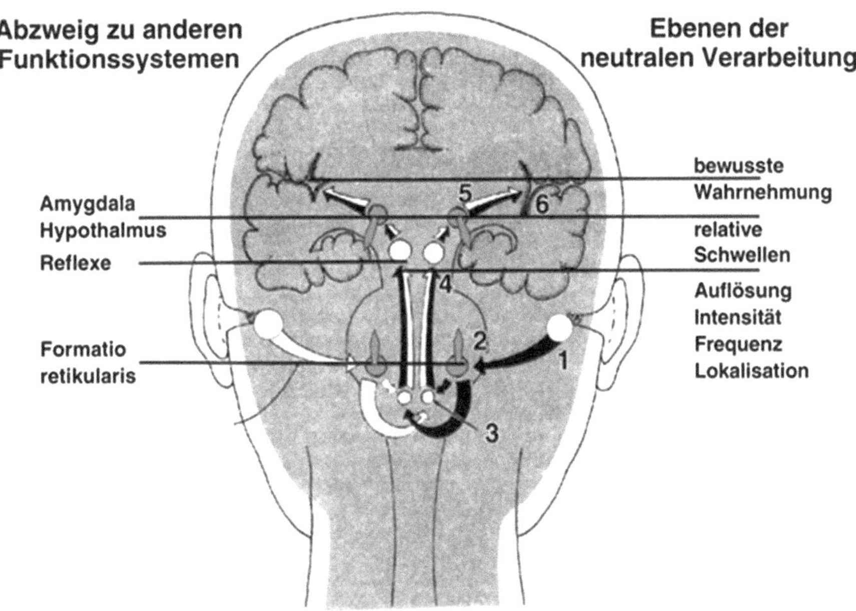

Abb. 3 Afferente Hörbahn (nach [5])

vegetative und hormonelle Funktionseinheiten sowie auf emotionale Bereiche reagiert (Konditionierung). Es ist hinzuzufügen, dass dieses derart gebahnte Verarbeitungsmuster auch während des Schlafs nahezu voll aktiv ist.

2 Wahrnehmung

Die akustische Wahrnehmung ist die spezifische Wirkung eines Schallereignisses, die auch als Hörereignis bezeichnet wird. Sie lässt sich in verschiedene Wahrnehmungskomponenten (Hörempfindung) aufteilen, vergleichbar etwa mit der Aufteilung der Geschmackswahrnehmung in süß, sauer, salzig und bitter.

Besonders gut erforscht sind die dominanten Wahrnehmungskomponenten Tonhöhe und Lautheit [8], die ein Hörereignis aber nicht vollständig beschreiben. Komponenten der Hörwahrnehmung, die nicht durch Tonhöhe und Lautheit erfasst werden, wurden in der Vergangenheit oft unter dem Begriff der Klangfarbe zusammengefasst [9–11]. Heute werden weitere psychoakustische Wahrnehmungsgrößen wie Ausgeprägtheit der Tonhöhe [12, 13], Schärfe [14]; von Bismarck 1974; Rauigkeit [15]; Fastl 1977; [16] und Schwankungsstärke [15], Fastl 1982, Subjektive Dauer [17]; Fastl 1977; [18] oder Rhythmus [19]; Fastl 1982; [8] definiert. Diese Hörempfindungen können vom Gehör unabhängig voneinander beurteilt werden. Es wurden Funktionsmodelle erarbeitet, mit denen die jeweilige Hauptwahrnehmungskomponente allgemeingültig aus den physikalischen Kenngrößen des Schallereignisses abgeleitet werden kann [8].

Für die Beurteilung technischer Geräusche wurde ein Maß (PA) vorgeschlagen, das auf den Hörempfindungen Lautheit, Schärfe, Schwankungsstärke und Rauigkeit basiert [8, 20]. Die Wahrnehmung wird aber zu einem nicht unerheblichen Teil durch die situativen Gegebenheiten und durch die mit den Geräuschen verknüpften Assoziationen (Emotionen) bestimmt. Allgemeingültig können die bisher genannten psychoakustischen Parameter, z. B. die „Angenehmheit" eines Geräusches, nur teilweise erklären [21]. Um den Einfluss kognitiver Effekte auf das Lautheits- und Lästigkeitsurteil abschätzen zu können, wurde ein Verfahren entwickelt [22], mit dessen Hilfe bei nahezu gleicher Lautheits-Zeitfunktion die Information über die Schallquelle weitgehend verschleiert wird. Das Erkennen der Schallquelle kann das Lästigkeitsurteil wesentlich beeinflussen, wirkt sich aber kaum auf das Lautheitsurteil aus [22–25].

In den letzten Jahren beschäftigten sich daher viele Arbeiten mit der Erfassung der akustischen Qualität von definierten Schallereignissen bzw. Schallfeldern, z. B. Warnsignalen oder Autoinnenräumen. Die Ergebnisse dieser Arbeiten sollen dazu führen, die Schallimmissionen hinsichtlich ihrer Akzeptanz zu erhöhen oder in ihrer Wirkung zu optimieren. Speziell in der Automobilindustrie hat sich „product sound quality" etabliert [26–29]. Dabei kann beim „sound quality design" oft auf hilfreiche Anregungen aus der Psychoakustik Fastl 2006; [8] oder sogar der Musikwahrnehmung zurückgegriffen werden [30, 31].

Spezielles Ziel ist es, dass das Geräusch vom unvoreingenommenen Kunden mit wichtigen Kriterien wie Solidität und Wertigkeit des Produkts in Verbindung gebracht wird. Hier spielt auch das „Markenimage" eine große Rolle [8, 32–34]. Besonders ist darauf zu achten, dass das Klangbild zum Produkt passt; beispielsweise erwartet der Kunde von einem Sportwagen ein völlig anderes Klangbild als von einer Luxus-Limousine [8, 28, 35].

2.1 Allgemeingültige psychoakustische Ansätze

Die in diesem Abschnitt beschriebenen Wahrnehmungsgrößen sind durch eine Wahrnehmungsfunktion eindeutig mit einer oder mehreren Reizgrößen verbunden. Sie gehen auf Arbeiten der „Münchner Schule der Psychoakustik" um Zwicker und Fastl [36]; Fastl 2006; [8] zurück und wurden aus Hörversuchen ermittelt. Vertiefende Darstellungen findet der interessierte Leser z. B. in [8, 14, 16, 37–42]. Multi-modale Effekte wie audio-visuelle Interaktionen sollen dabei zunächst unberücksichtigt bleiben. Beispielsweise erscheint ein roter Zug trotz gleichem Schallpegel lauter als ein hellgrüner Zug [8, 43–45].

Lautheit

Die Wahrnehmung der Lautstärke hängt vom Schalldruckpegel, von der Frequenz, von der Bandbreite, von der Dauer des Schallereignisses und von Verdeckungseffekten ab.

Für Töne oder schmalbandige Geräusche kann die frequenzabhängige Lautstärkewahrnehmung des Menschen bei der Pegelbildung berücksichtigt werden, indem die Messwerte anhand der Kurven gleicher Lautstärke korrigiert werden. Dieser frequenzbewertete Pegel wird als Lautstärkepegel L_N bezeichnet und erhält die Einheit phon [46]. Für breitbandige Geräusche sind Hörversuche zur Ermittlung des Lautstärkepegels notwendig. Dem Lautstärkepegel wird im Hörversuch ein Zahlenwert zugeordnet, der mit dem Schalldruckpegel eines gleich lauten 1-kHz-Tones identisch ist (vgl. Kap. „Beurteilung von Schallimmissionen").

Oberhalb von 40 phon bedeutet eine Zunahme des Lautstärkepegels um 10 phon ungefähr eine Verdoppelung der subjektiv empfundenen Lautstärke, Abb. 4. Werden 40 phon = 1 gesetzt, so erhalten 50 phon den Wert 2, 60 phon den Wert 4, 70 phon den Wert 8 usw. Diese Lautstärkeskalierung wird als Lautheit N mit der Einheit sone bezeichnet.

Zusätzlich zum Schalldruckpegel und der Frequenz ist die Lautheit auch von der Bandbreite eines Signals abhängig. So führt eine Vergrößerung der Bandbreite zu einer Erhöhung der Lautheit, wenn der Frequenzumfang des Schallereignisses die Frequenzgruppenbreite überschreitet. Die Frequenzgruppenbreiten (Df_G) können oberhalb von 500 Hz relativ gut durch Terzbänder angenähert werden. Der Einfluss der Bandbreite auf die wahrgenommene Lautstärke wird in der Praxis oft unterschätzt: Beispielsweise ist ein breitbandiger Schall wie Rosa Rauschen bei gleichem Schallpegel etwa dreimal so laut wie ein schmalbandiger Schall, z. B. ein Sinuston. Im Umkehrschluss bedeutet dies, dass breitbandige Signale trotz gleicher Lautheit um mehr als 15 dB niedrigere Pegel aufweisen als schmalbandige Signale. Wegen der relativ kleinen dB-Werte wird deshalb die Lautheit von Alltagsgeräuschen, die meist eine große Bandbreite aufweisen, häufig unterschätzt.

Auch die Dauer von Signalen beeinflusst deren Lautheit wesentlich: Beispielsweise wird ein Schall von 10 ms Dauer trotz gleichem Schallpegel nur mehr etwa halb so laut wahrgenommen wie der gleiche Schall bei Dauern über 100 ms.

Darüber hinaus kann ein Ton oder ein Geräusch durch ein zweites Schallereignis in seiner Lautheit vermindert werden (Drosselung) oder es wird nur noch das lautere Schallereignis wahrge-

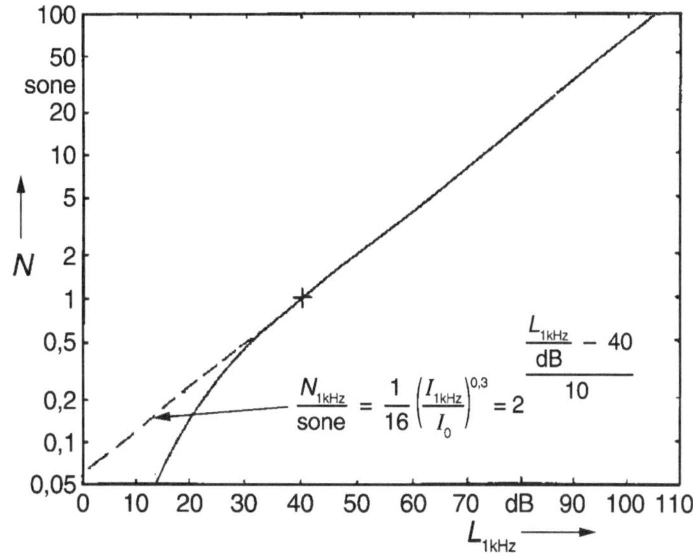

Abb. 4 Lautheitsfunktion für einen 1 kHz-Ton (durchgezogene Linie). Oberhalb von 40 dB entspricht eine Erhöhung von 10 dB im Mittel einer Verdoppelung der empfundenen Lautstärke. Unterhalb von 40 dB genügen niedrigere Schallpegeldifferenzen zur Verdoppelung der Lautstärkewahrnehmung. (Quelle: [36], S. 81)

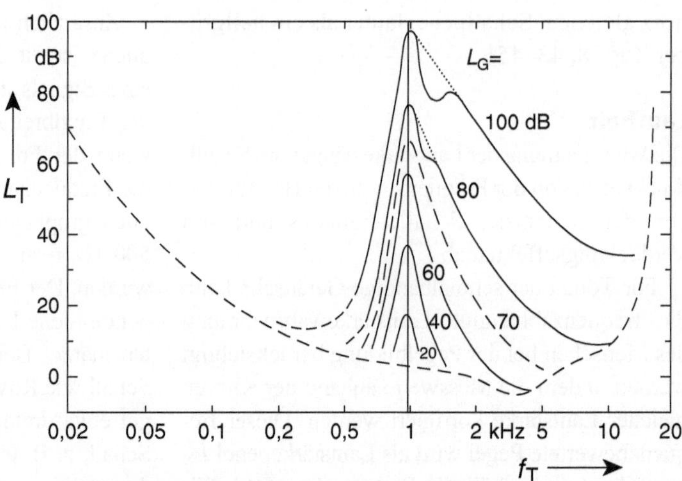

Abb. 5 Mithörschwelle (MHS) von Sinustönen, verdeckt durch Schmalbandrauschen unterschiedlichen Pegels L_G bei 1 kHz-Mittenfrequenz. Die Mithörschwellen steigen von tiefen Frequenzen her kommend steiler an, als sie nach hohen Frequenzen hin abfallen. Nach höheren Frequenzen hin zeigt sich die pegelabhängige „nichtlineare Auffächerung" der oberen Flanke. (Quelle: [36], S. 41)

nommen (Maskierung, Verdeckung). Um die Abhängigkeiten der Verdeckung zu untersuchen, bedient man sich der Messung der Mithörschwelle, Abb. 5. Die Mithörschwelle gibt denjenigen Schalldruckpegel eines Testschalls (meist ein Sinuston) an, den dieser haben muss, damit er neben dem Störschall gerade noch wahrgenommen werden kann, d. h. gerade noch mitgehört wird.

Soll die Lautheit eines Schallereignisses aus den physikalischen Kenngrößen bestimmt werden, so müssen Frequenzgruppenbildung, Verdeckung und Drosselung berücksichtigt werden. Ein klassisches Verfahren, das die Funktionsweise des menschlichen Gehörs für stationäre Geräusche umfassend berücksichtigt, ist die Berechnung der Lautheit nach Zwicker. Entsprechende Rechenprogramme in BASIC finden sich in DIN 45 631 sowie im Internet in C, Matlab oder Excel. Darüber hinaus haben Ergebnisse von Moore und Thomas [47] Eingang in ANSI S3.4 - 2007 [48] gefunden.

Bei instationären Schallen muss das Lautheitsmodell erweitert werden (Zwicker 1977), da hier zeitliche Verdeckungseffekte, insbesondere die Nachverdeckung [49] berücksichtigt werden müssen. In DIN 45631/A1 ist ein Modell standardisiert, mit dessen Hilfe die Lautheit sowohl stationärer als auch instationärer Schalle bestimmt werden kann. Darüber hinaus haben Glasberg und Moore [50] sowie Chalupper und Fastl [51] weitere Modelle der instationären Lautheit vorgeschlagen, deren Normung noch bevorsteht. Das dynamic loudness model (DLM) von Chalupper und Fastl [51] ermöglicht die Berechnung der Lautheit sowohl für normalhörende als auch für schwerhörige Personen. An weiteren Verbesserungen wird derzeit gearbeitet [52, 53] Darüber hinaus ist zu erwarten, dass in absehbarer Zeit eine Überarbeitung von ISO 532 für die Lautheitsberechnung stationärer und instationärer Schalle zur Verfügung stehen wird.

Tonhöhe

Die Tonhöhenwahrnehmung von Sinustönen ist im Wesentlichen von der Frequenz abhängig, Abb. 6. Aber auch der Pegel sowie überlagerte (Stör-)Geräusche können die Tonhöhe beeinflussen. Bei einem Anstieg des Pegels von 40 auf 80 dB erhöht sich die Tonhöhe eines 6 kHz-Tones um etwa 3 %, d. h. um einen musikalischen Viertelton, die Tonhöhe eines 200 Hz-Tones sinkt jedoch um etwa 2 %.

Noch deutlichere Effekte können bei Tonhöhenverschiebungen durch andere Töne oder Geräusche auftreten: Ein 150 Hz-Ton kann einen 300 Hz-Ton um immerhin 8 % nach oben zu höheren Tonhöhen verschieben, während ein 200 Hz-Ton einen 100 Hz-Ton um knapp 6 % nach unten verschiebt [8].

Alle diese Effekte können anhand eines Modells beschrieben werden, das auf den zugehörigen Mithörschwellen-Mustern basiert [8, 54].

Ein interessantes Phänomen stellt darüber hinaus die sog. virtuelle Tonhöhe dar. Diese entsteht dadurch, dass das Gehör bei komplexen Schallen

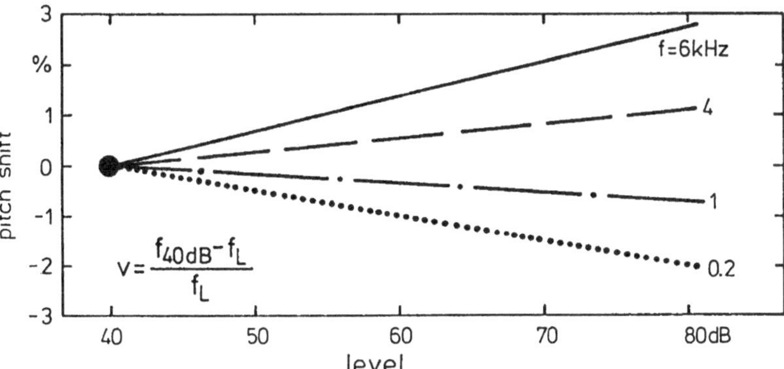

Abb. 6 Tonhöhenverschiebung von Sinustönen bei 0,2, 1, 4 und 6 kHz als Funktion des Schallpegels. (Quelle: [8], S. 114)

aus den vielfach vorhandenen Spektraltonhöhen eine virtuelle Tonhöhe ermittelt (Terhardt 1972), [55]. Virtuelle Tonhöhen spielen in der Praxis eine zentrale Rolle: Beispielsweise wird von einem Mobiltelefon die Grundfrequenz einer Männerstimme (100 Hz) nicht übertragen. Dennoch können wir unterscheiden, ob Herr Meier (100 Hz), Frau Meier (200 Hz) oder das Kind der Meiers (400 Hz) am Telefon ist. Das Hörsystem bildet – sofern erforderlich – aus den höheren Harmonischen (Oberschwingungen) die Grundfrequenz [8].

Ausgeprägtheit der Tonhöhe

Unabhängig von der Tonhöhe als solcher (pitch height) kann die Ausgeprägtheit der Tonhöhe (pitch strength), skaliert werden [8, 12]. Linienspektren wie Sinustöne erzeugen ausgeprägte Tonhöhen, stochastische Signale wie Tiefpassrauschen nur schwach ausgeprägte Tonhöhen. Sinustöne rufen bei mittleren Frequenzen zwischen etwa 750 Hz und 3 kHz eine ausgeprägtere Tonhöhe hervor als bei tieferen oder höheren Frequenzen [8].

Ein Modell der Ausgeprägtheit der Tonhöhe wurde von Fruhmann [13] vorgeschlagen. Es basiert auf den Lautheitsspektren der analysierten Schalle und berücksichtigt den Einfluss weiterer Hörempfindungen wie Schwankungsstärke und Rauigkeit. [13]; Fastl 2006; [8].

Eng verwandt mit der Hörempfindung Ausgeprägtheit der Tonhöhe ist der bei der Beurteilung von Geräuschimmissionen verwendete Begriff Tonhaltigkeit eines Schalls. Basierend auf den Ergebnissen psychoakustischer Untersuchungen wurde ein Messverfahren entwickelt, das in DIN 45 681 genormt ist und (ggf. in modifizierter Form) Eingang in das ISO Normenwerk finden soll.

Schärfe

Die Schärfe eines Schallereignisses hängt von seiner Frequenzzusammensetzung ab (Abb. 7). Grundsätzlich ist die Schärfe umso höher, je mehr hohe Frequenzen im Signal enthalten sind. Einem Schmalbandrauschen (Df £ Df_g) der Mittenfrequenz 1 kHz mit einem Schalldruckpegel von 60 dB wird definitionsgemäß eine Schärfe von 1 acum zugeordnet.

Für breitbandigere Schalle hängt die Schärfe von der Bandbegrenzung bei tiefen und insbesondere bei hohen Frequenzen ab. Ob das Spektrum einen kontinuierlichen Verlauf hat oder aus Linien zusammengesetzt wird, hat kaum einen Einfluss auf die Schärfe. Aus den Ergebnissen kann abgeleitet werden, dass der Faktor, der am meisten zur Schärfe beiträgt, die Verteilung der spektralen Hüllkurve eines Schalls ist.

Besonders interessante Anwendungsmöglichkeiten der Schärfe ergeben sich im Sound-Design dadurch, dass es möglich ist, durch Zumischen tieffrequenter Schallanteile die Schärfe von Schallen zu vermindern. Obwohl dadurch die Lautheit etwas ansteigt, wird häufig das Klangbild wegen der geringeren Schärfe bevorzugt [29].

Mehrere Funktionsmodelle der Schärfe wurden vorgeschlagen (von Bismarck 1974; Aures 1984), [8] und in DIN 45692 standardisiert. Implementierungen sind in modernen Simulationssystemen verfügbar.

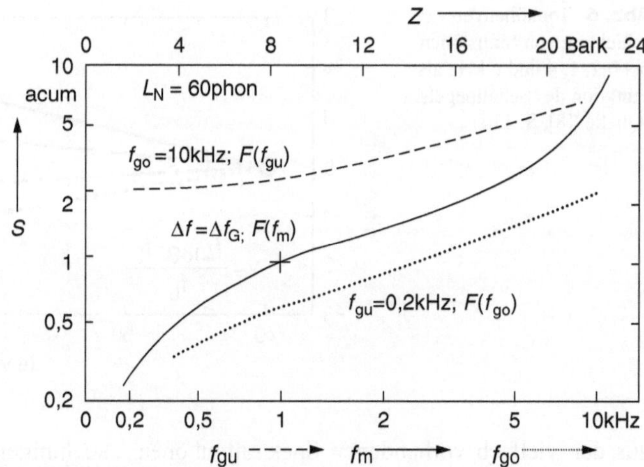

Abb. 7 Die Schärfe von Schmalbandrauschen (durchgezogen), Tiefpassrauschen (punktiert) und Hochpassrauschen (gestrichelt) als Funktion der Mittenfrequenz fm, der oberen Grenzfrequenz fgo bzw. der unteren Grenzfrequenz fgu. (Quelle: [36], S. 84)

Subjektive Dauer und Rhythmus

Die wahrgenommene subjektive Dauer von kurzen Schallen kann erheblich von deren physikalischer Dauer abweichen. Beispielsweise ist zur Verdoppelung der wahrgenommenen Dauer eines 100 ms langen Impulses eine Dauer von 260 ms nötig. Einem Verhältnis von 1:2 in der Wahrnehmung entspricht also ein Verhältnis von 1:2,6 der physikalisch gemessenen Dauern. Noch größere Abweichungen zwischen physikalisch gemessener und wahrgenommener Dauer zeigen sich beim Vergleich von Impulsen und Pausen: Damit eine Pause genauso lange klingt wie ein Impuls von 100 ms muss sie eine Dauer von 380 ms aufweisen! Dieses Phänomen wird anhand von Abb. 8 erläutert: Die rhythmische Struktur in (a) wird durch die ausgefüllten bzw. unausgefüllten Balken in (b) illustriert. Um die zugehörige Wahrnehmung zu erzeugen, muss das in (d) skizzierte Muster physikalischer Dauern realisiert werden. In (c) wird erläutert, wie sich diese Zusammenhänge anhand der Mithörschwellen-Muster beschreiben lassen.

Schwankungsstärke

Bei Schallsignalen mit zeitlich schwankender Hüllkurve, z. B. amplituden- oder frequenzmodulierte Schalle, bei denen die Modulationsfrequenz maximal 20 Hz beträgt, wird eine Fluktuation des Schalls wahrgenommen. Einem 1-kHz-Ton mit einem Schalldruckpegel von 60 dB, der mit einem Modulationsgrad von 1 und einer Modulationsfrequenz von 4 Hz amplitudenmoduliert wird, wird daher eine Schwankungsstärke von 1 vacil zugeordnet [8]. Bei einer Modulationsfrequenz von 4 Hz ergibt sich sowohl für die Amplitudenmodulation als auch für die Frequenzmodulation die maximale Schwankungsstärke (s. Abb. 9).

Die Hörempfindung Schwankungsstärke ist insbesondere im Hinblick auf die Lästigkeit von Schallen von Bedeutung. Sie ist in Alarmsignalen besonders ausgeprägt, die zusätzlich laut, scharf und tonal sein sollten.

Bei modulierten Schallen ergeben sich wegen der zeitlichen Verdeckungseffekte Mithörschwellen-Zeitmuster. Die Modulationstiefe des Mithörschwellen-Zeitmusters spielt bei der Erklärung von Hörempfindungen, wie Schwankungsstärke und Rauigkeit (s. Abschn. Schwankungsstärke), eine zentrale Rolle (Fastl 1977; Fastl 1982; [56]).

Rauigkeit

Die Rauigkeit ist eine Wahrnehmungskomponente, die insbesondere bei frequenz- und bei amplitudenmodulierten Schallen hervortritt.

Für einen l-kHz-Ton mit einem Pegel von 60 dB, der mit einer Modulationsfrequenz von 70 Hz und einem Modulationsgrad von 1 amplitudenmoduliert ist, wird eine Rauigkeit von 1 asper definiert.

Die empfundene Rauigkeit von modulierten Tönen ist von der Trägerfrequenz, der Modulationsfrequenz dem Modulationsgrad und dem Schallpegel abhängig. Abb. 10 zeigt die Abhängigkeit von der Modulationsfrequenz für amplitudenmoduliertes Breitbandrauschen (a), amplitudenmo-

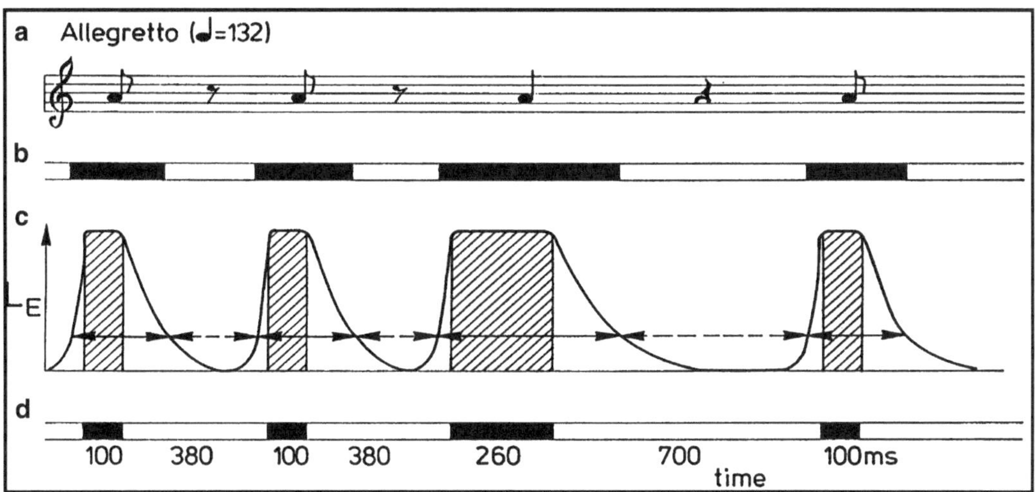

Abb. 8 Notation einer Folge von Tönen und Pausen (**a**) mit zugehörigen erwarteten Dauern, illustriert als ausgefüllte bzw. unausgefüllte Balken(**b**). In (**d**) sind physikalische Dauern von Tönen und Pausen dargestellt, die als Schallreize präsentiert werden müssen, um die rhythmische Struktur gemäß (**a**) hervorzurufen. In (**c**) sind die Töne und Pausen durch schraffierte Flächen zusammen mit den zugehörigen Mithörschwellen-Zeitmustern illustriert. Die Doppelpfeile mit durchgezogenen Linien repräsentieren die Subjektive Dauer der Töne, die Doppelpfeile mit gestrichelten Linien stehen für die Subjektive Dauer der Pausen. (Quelle: [8], S. 269)

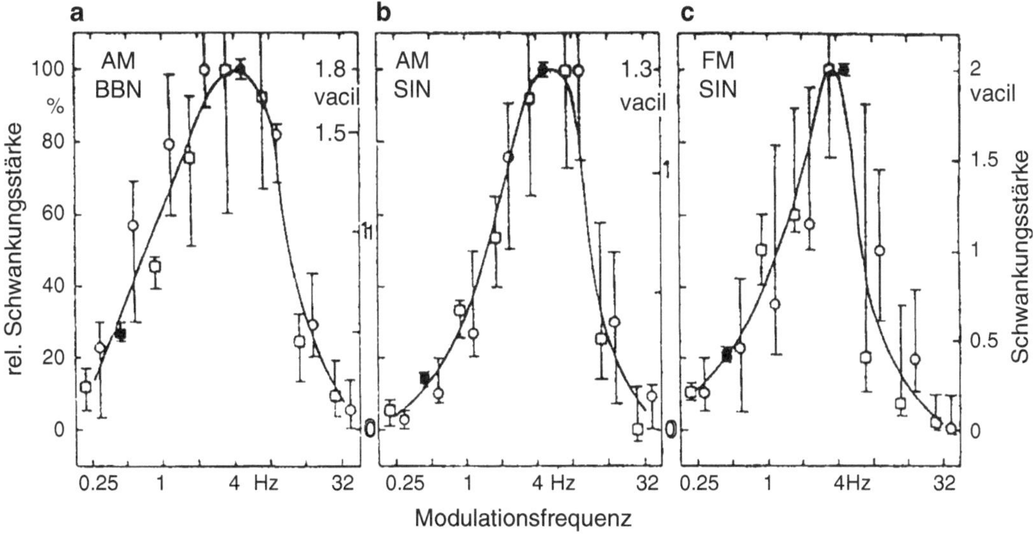

Abb. 9 Die Schwankungsstärke eines amplitudenmodulierten Breitbandrauschens (**a**), eines amplitudenmodulierten Tones (**b**) und eines frequenzmodulierten Tones (**c**) in Abhängigkeit von der Modulationsfrequenz. Die Ordinaten sind unterschiedlich skaliert. Für Frequenzmodulationen ergeben sich höhere Schwankungsstärken. (Quelle: [8], S. 248)

dulierte Sinustöne (b) und frequenzmodulierte Sinustöne (c). Die wahrgenommene Rauigkeit ist jeweils auf den Maximalwert normiert. Bei Frequenzmodulationen treten höhere Rauigkeitswahrnehmungen auf als bei der Amplitudenmodulation Eine Erhöhung des Schalldruckpegels um ca. 40 dB bewirkt eine Verdreifachung der Rauigkeit.

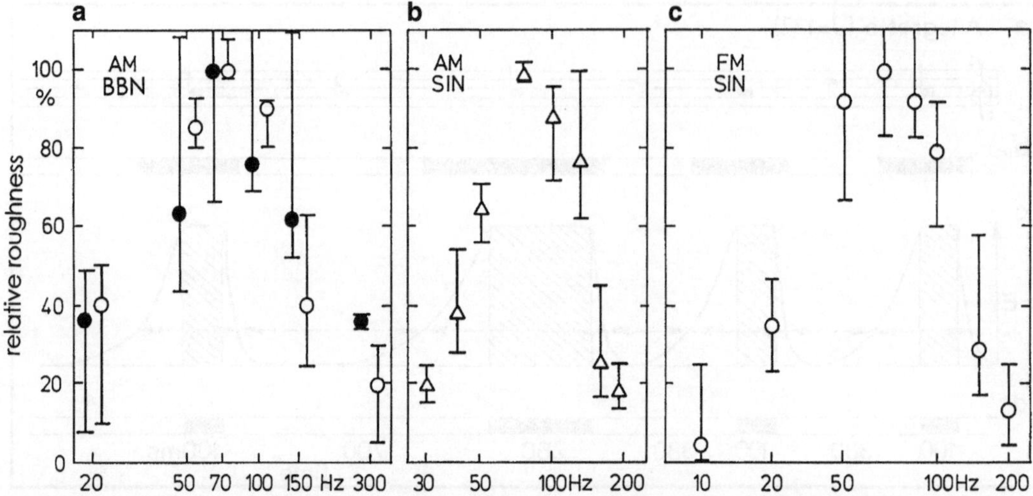

Abb. 10 Abhängigkeit der Rauigkeit von der Modulationsfrequenz für amplitudenmoduliertes Breitbandrauschen (**a**), amplitudenmodulierte Sinustöne (**b**) und frequenzmodulierte Sinustönen(**c**). (Quelle: [8], S. 260)

Beim „sound quality design" spielt die Hörempfindung Rauigkeit eine bedeutende Rolle. Sie ist ein wichtiges Merkmal für die „Sportlichkeit" von Fahrzeuggeräuschen.

Während bei Mithörschwellen-Zeitmustern die Hüllkurve (Enveloppe) des maskierenden Schalles eine zentrale Rolle spielt, repräsentiert bei Mithörschwellen-Periodenmustern die Schalldruck-Zeitfunktion die relevante Maskierergröße. Mithörschwellen-Periodenmuster sind in der Praxis besonders wichtig, weil wegen der nichtlinearen Auffächerung der oberen Verdeckungsflanke sich periodische Änderungen tieffrequenter Schallanteile insbesondere bei mittleren und hohen Frequenzen auswirken. Damit können tieffrequente Schalle als Störschalle Nutzschalle wie z. B. Sprache periodisch modulieren und die sprachliche Kommunikation stören. Weitere Anwendungsbeispiele sind die Geräusche, die bei bestimmten Fahrgeschwindigkeiten und Öffnungswinkeln des Schiebedachs oder der Fenster von Pkw auftreten können („Wummern").

2.2 Spezifische psychologische Ansätze

Eine Möglichkeit, Wahrnehmungsdimensionen in definierten Situationen zu erforschen, eröffnen psychologisch orientierte Ansätze. Hier steht neben Grundlagenforschung die „product sound quality" im Vordergrund, wie sie z. B. in den Arbeiten von Kuwano et al. [57, 58] und Namba et al. [59] verfolgt wurde. Als Untersuchungsmethode wird häufig ein „semantisches Differential" eingesetzt [z. B. 58, 60, 61]. Die Ergebnisse liegen dann in Form von Geräuschattributen wie Erstklassigkeit oder Mächtigkeit vor.

Semantisches Differential

Bei einer solchen Untersuchung muss die Versuchsperson Geräusche auf einer Skala zwischen zwei gegensätzlichen Adjektiven (z. B. scharf-stumpf) einordnen. Verwendet werden i. d. R. 7-stufige Skalen. Die Untersuchungen werden mit verschiedenen (mehr als 10) Adjektivpaaren durchgeführt. Mit Hilfe von Dimensionsanalysen (Faktorenanalyse, Clusteranalyse) werden die Komponenten der Wahrnehmung (Faktoren) ermittelt, durch die sich ein großer Teil der Varianz des gesamten Datensatzes erklären lässt.

Eine grundsätzliche Schwierigkeit dieser Methode besteht darin, die gefundenen Faktoren mit den Reizparametern der Geräusche zu verbinden.

Untersuchungen der Wahrnehmung von Geräuschen mit dem semantischen Differential erfolgten bereits im Jahre 1958 durch Solomon. In den letzten Jahren beschäftigten sich entsprechende Arbeiten im Wesentlichen mit der Erfassung der akustischen Qualität von einzelnen Schallereignissen bzw. Schallfeldern im Autoinnenraum oder bei Haushaltsgeräten.

2.3 Lokalisation

Das Gehör ist in der Lage, einem Hörereignis einen „Entstehungsort" (Hörereignisort) zuzuordnen (Lokalisation), Abb. 11. Im Allgemeinen wird die Richtungsinformation aus den Pegeln und Frequenzunterschieden der Schalldruckverteilungen am linken und rechten Ohr abgeleitet. Bei der Lokalisation wird im Wesentlichen zwischen drei Arten unterschieden:

- Richtungshören in der Horizontalebene,
- Richtungshören in der Medianebene,
- Lokalisation des Hörereignisortes sowie Lokalisationsunschärfe; Entfernungshören.

Der wichtigste Parameter zur Bestimmung der Hörereignisentfernung ist die Lautheit. Der Zusammenhang zwischen Lautheit und Hörereignisentfernung entsteht durch die alltägliche Erfahrung in Verbindung mit dem Sehen. Daher ist beim Entfernungshören die Vertrautheit mit dem Schallereignis von großer Bedeutung. Bei Sprache entspricht die Hörereignisentfernung recht gut der Schallquellenentfernung. Bei ungewohnter Sprechweise (z. B. Flüstern) ergeben sich bereits wesentliche Abweichungen. Eine vertiefende Darstellung der Lokalisation findet der Leser z. B. bei Blauert [62] sowie Maschke und Jakob [63].

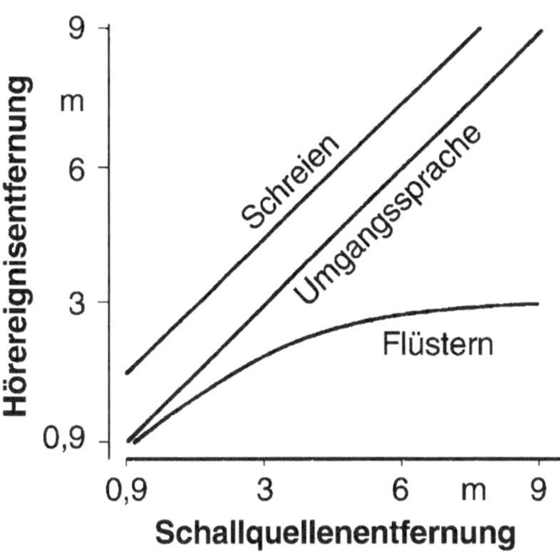

Abb. 11 Lokalisation zwischen Hörereignisentfernung und Schallquellenentfernung bei unterschiedlichen Sprechweisen

Verschmelzen zwei Schallereignisse zu einem Hörereignis, dann wird der Hörereignisort durch den Schall bestimmt, der als erster das Ohr erreicht hat. Cremer bezeichnete diesen Effekt als „Gesetz der ersten Wellenfront" [64]. Ohne diese Eigenschaft des Gehörs wäre die akustische Orientierung in Räumen kaum möglich.

3 Gesundheitliche Beeinträchtigungen durch Lärm

Hohe Schalldruckpegel können das Gehör schädigen und zu riskanten neuro-vegetativen Reaktionsmustern führen. Lärm ist aber nicht nur ein physikalischer Reiz, sondern auch ein individuelles Erlebnis. Eine unzureichende Bewältigung kann ebenfalls zu inadäquaten Reaktionsmustern und schließlich zu Regulationsstörungen führen. Regulationsstörungen sind als adverse Wirkung einzustufen, als Übergangsstadium von Gesundheit zur Krankheit.

Die Einbeziehung des individuellen Erlebens berücksichtigt die Tatsache, dass der Mensch eine biopsychosoziale Einheit darstellt [von 65]. Folglich sind gesundheitliche Beeinträchtigungen nicht nur organisch nachweisbare Schäden, sondern auch funktionelle Störungen der psychischen und biologischen Prozesse, die nicht voneinander getrennt werden können. Beeinträchtigungen der psychobiologischen Regulation äußern sich nicht selten als somatoforme Störungen [z. B. 66]. Darunter wird das Reflektieren von Störungen geistig-seelischer Prozesse (z. B. Überforderungen, chronische Lärmwirkungen, unterdrückte Emotionen, Dauerärger, häufiges Aufregen, soziale und Zeitkonflikte, Hilflosigkeit, Ausweglosigkeit, sich nicht gegen Einflüsse wehren können usw.) in körperlichen Beschwerden (z. B. Kopfschmerzen, Rückenschmerzen, Erschöpfung, Verdauungsstörungen, Herz-Kreislaufstörungen, Asthma, Hautkrankheiten, Impotenz) verstanden.

3.1 Aurale Beeinträchtigungen

Infolge einer Beschallung mit genügend hoher Intensität liegt im Innenohr des Menschen ein gesteigerter, schwer zu kompensierender Stoffwechsel vor. Führen eine zu hohe Schallintensität oder eine zu lange Einwirkdauer zu einer unphysiologischen Stoffwechsellage, treten Ermüdungserscheinungen an den Haarzellen auf (vgl. Abschn. 1), die zeitweilige aber auch bleibende Schäden hinterlassen können. Infolge einer Beschallung lässt sich demzufolge, abhängig von ihrer Intensität und Dauer, eine verminderte Empfindlichkeit der Schallrezeptoren in Form einer zeitweiligen oder permanenten Anhebung der Hörschwelle messen. Die zeitweilige Differenz zwischen der vor und nach der Schallexposition gemessenen Hörschwellenpegel wird als TTS (Temporary Threshold Shift) bezeichnet, die nicht mehr reversible Verschiebung der Hörschwelle als Hörverlust bzw. NIPTS (Noise Induced Permanent Threshold Shift).

Der altersbedingte Hörverlust, d. h. die Abnahme der Hörfähigkeit mit dem Alter, wird medizinisch als Presbyacusis bezeichnet. Sie ist ein allmählicher Prozess, der in den westlichen Industriestaaten mit einem Alter von etwa 30 Jahren beginnt.

Neben dem Hörverlust gehören Kommunikationsstörung und Ohrgeräusche (Tinnitus) zu den markanten lärmbedingten Beeinträchtigungen des Gehörs.

Hörverlust, Hörschaden (Lärmschwerhörigkeit)

Hörverluste werden im Tonaudiogramm als Pegeldifferenz zwischen der Hörschwelle des geschädigten Ohres und der Hörschwelle für Normalhörende ermittelt (vgl. [67]). Überschreitet ein Hörverlust für ausgewählte Frequenzen einen vorgegebenen Wert, so wird der Hörverlust als Hörschaden oder Lärmschwerhörigkeit bezeichnet [68–70]. Die VDI 2058 definiert einen Hörschaden als audiometrisch nachweisbaren Hörverlust im Innenohr, sofern bei 3000 Hz eine Hörminderung von 40 dB überschritten wird. Darüber hinaus werden neben der Ton- und Sprachaudiometrie auch otoakustische Emissionen und Ableitungen der Nervenaktivität im Hirnstamm (Hirnrinde) während des Hörens (ERA) zur Bestimmung von Hörverlusten eingesetzt (z. B. [68]).

Die Lärmschwerhörigkeit gehört in Deutschland noch immer zu den häufigsten anerkannten Berufskrankheiten (z. B. [71]). Neben dem Arbeitslärm ist aber auch der Freizeitlärm, mit einer Gehörgefährdung durch übermäßige MP3-Player Nutzung, Diskothekenbesuche, häufige Open-air-Konzerte ebenso wie durch übermäßiges Heimwerken zu beachten [72], Kloepfer et al. 2006.

Beispielsweise lassen die Schallpegel in Diskotheken und beim Hören tragbarer Musikabspielgeräte sowie die Nutzungsdauern von jungen Erwachsenen erwarten, dass nach 10 Jahren bei ca. 10 % der heutigen Jugendlichen ein musikbedingter Hörverlust von mindestens 10 dB (A) auftreten wird [73], Genée et al. 2008. Da z. B. bei 40-jährigen Männern bereits von einem altersbedingten Hörverlust von ebenfalls etwa 10 dB auszugehen ist, sind bei 10 % der 40-Jährigen Hörverluste von 20 dB und mehr zu erwarten, die in dieser Größenordnung die Kommunikation deutlich beeinträchtigen.

Außer dem sich allmählich aufbauenden lärmbedingten Hörverlust kann auch eine kurzfristige Überlastung des Gehörs durch extrem hohe Schallintensitäten zu einem Hörverlust führen. Hier sind insbesondere Spielzeugpistolen und Schreckschusswaffen sowie Feuerwerkskörper zu nennen. Die Spitzenpegel liegen zum Teil weit über der Schädigungsschwelle für einmalige Ereignisse von $L_{peak} = 140$ dB (z. B. [73–75]).

Ein vermindertes Hörvermögen muss als starkes soziales Handikap eingestuft werden. Schwierigkeiten bei der Sprachverständlichkeit sind zuerst in lauter Umgebung (Selbstbedienungsrestaurants, Feste, laute Veranstaltungen) festzustellen, später treten Schwierigkeiten auch während

Gottesdiensten, Theateraufführungen und öffentlichen Sitzungen auf. Eine reduzierte Hörfähigkeit kann teilweise durch ein Ablesen der Mundbewegungen kompensiert werden, ohne dass es dem Gehörgeschädigten bewusst wird.

Hörverluste treten aber nicht nur durch eine übermäßige Geräuschbelastung auf. In diesem Zusammenhang sind z. B. Krankheiten (Tuberkulose, Herpes, Typhus, Mumps, Meningitis, Masern), ototoxische Drogen (z. B. einige Antibiotika, Diuretika, Salicylate), erbliche Faktoren und Entzündungen des Mittelohres im Kindesalter zu nennen [z. B. 76–78].

Kommunikationsstörung

Die Sprachverständlichkeit ist ein sehr empfindlicher Indikator für die Störwirkung von Lärm. Das Ausmaß, in dem Kommunikationsschall durch Störschall verdeckt wird, wird durch spezielle Messverfahren wie z. B. den Artikulationsindex AI oder den Störgeräuschpegel L_{NA} erfasst. Die Störung hängt nicht nur von der Pegeldifferenz und den Frequenzspektren der beiden Schalle ab, sondern auch von der Deutlichkeit der Artikulation, dem Informationsgehalt des Textes und dem Vorverständnis des Hörers, der Möglichkeit von Sichtkontakt und den akustischen Verhältnissen des umgebenden Raumes [z. B. 79, 80]. Kinder und Personen mit Hörstörungen werden in ihrer Sprachverständlichkeit weit eher gestört als Normalhörende [81, 82]. Bei breitbandigen Umweltgeräuschen ist die Sprachverständlichkeit praktisch nicht beeinträchtigt, wenn der Störgeräuschpegel mindestens 10 dB(A) unter dem Sprachpegel liegt [81].

Tinnitus (Ohrgeräusche)

Viele Menschen leiden unter Tinnitus, d. h. unter Ohrgeräuschen, die z. T. als außerordentlich störend empfunden werden. Hinsichtlich der genauen Anzahl der Betroffenen sind die statistischen Daten in Deutschland nicht eindeutig. Etwa 15 % der älteren Bevölkerung in Deutschland, haben regelmäßig mit Tinnitus zu tun, bei etwa 1 % der Bevölkerung ist er sehr stark ausgeprägt. Tinnitus tritt vermehrt bei Menschen ab einem Alter von 45–55 Jahren auf, Frauen und Männer sind etwa gleich häufig betroffen.

Tinnitus kann im bisher gesunden Gehör nach einer akustischen Überbeanspruchung häufig in Verbindung mit einem Hörsturz auftreten und ist i. d. R. ein Zeichen für einen zumindest vorübergehenden Hörverlust. Die Ursachen für den Tinnitus sind noch nicht abschließend geklärt, die Erklärungen reichen von mangelhafter Durchblutung und Schädigung der Haarzellen im Innenohr über Störungen in höheren Zentren der Hörbahn bis zu veränderten neuralen Aktivitäten im Gehirn [83–85]. Tinnitus tritt verstärkt bei Stress auf.

Üblicherweise werden Glukokortikoide sowie durchblutungsfördernde Medikamente gegeben, die jedoch meist keinerlei oder nur einen kurzzeitigen Erfolg haben [86, 87]. In den letzten Jahren gibt es verstärkt Versuche den Tinnitus mit psychophysiologischen Methoden zu beeinflussen. Auch wird versucht, durch Defokussierung des Tinitus das Ohrgeräusch in den Wahrnehmungshintergrund zu drängen [z. B. 88].

3.2 Extraaurale Beeinträchtigungen

Parallel zur auralen Beeinträchtigung kann Schall eine unspezifische Aktivierung des Organismus verursachen. Zunächst erfolgen diese Prozesse mit dem Ziel, die Anpassung des Organismus an veränderte Situationen zu gewährleisten. Als Folge werden vegetative Reaktionen im Bereich des peripheren Kreislaufsystems wie z. B. Abnahmen des galvanischen Hautwiderstands, der Hauttemperatur und der Fingerpulsamplitude oder Änderungen der Herzschlagfrequenz beobachtet [89–91] sowie erhöhte Konzentrationen der Stresshormone wie Adrenalin und Cortisol in Körperflüssigkeiten gemessen (z. B. [92–94]).

Das pathogenetische Konzept, das Lärmeinwirkungen mit Gesundheitsgefahren verbindet, lehnt sich an bekannte Stressmodelle an. Es ist medizinisch zwischen Eustress und Disstress zu unterscheiden. Eustress ist ein leistungs- und gesundheitsfördernder Stress, Disstress eine Abart des

Stress mit pathologischen Erscheinungsbildern. Eustress ist i. d. R. zeitweilig. Bei langfristiger Belastung oder immer wiederkehrender kurzfristiger psychobiologischer Übersteuerung (Disstress) können funktionale Störungen auftreten. Folglich ist nicht von einer spezifischen extraauralen Lärmkrankheit auszugehen, Abb. 12. Lärm wirkt als Stressor und begünstigt Krankheiten, die durch Stress mitverursacht werden (z. B. [96, 97]). Das können Herz-Kreislaufkrankheiten aber auch psychische Störungen (z. B. Neurosen) sein.

Schlaf, Schlafstörungen und deren Konsequenzen

Schlaf ist kein Zustand genereller motorischer, sensorischer, vegetativer und psychischer Ruhe, sondern besitzt eine komplexe Dynamik. Die charakteristischen Merkmale des menschlichen Schlafs sind Periodik, Dynamik, veränderte Motorik und Sensorik sowie eine veränderte Bewusstseinslage. Durch die Aufzeichnung des Elektroenzephalogramms (EEG), des Elektromyogramms (EMG) und des Elektrookulogramms (EOG) ist es möglich, den Schlaf in vier NON-REM-Schlafstadien und den REM-Schlaf (benannt nach den schnellen Augenbewegungen „rapid eye movements" in diesem Schlafstadium) einzuteilen. Der Anteil der einzelnen Schlafstadien am Gesamtschlaf ist weitgehend altersspezifisch. Von bis zu 60 % REM-Schlafanteil im Neugeborenenalter verbleiben dem Erwachsenen etwa 20 %. Die Zeitspanne vom Einschlafen bis zum REM-Schlaf wird als REM-Latenz bezeichnet, die Intervalle zwischen den REM-Phasen als Schlafzyklen.

In Abb. 13 ist das Schlafzyklogramm eines jungen gesunden Schläfers einschließlich des nächtlichen Verlaufs der Plasma-Cortisol-Konzentration und der Freisetzung von Wachstumshormonen dargestellt.

Die für die Erholung des Menschen wichtigsten Stadien sind Stadium III & IV des NON-REM-Schlafes (Deltaschlaf) und der REM-Schlaf. Der

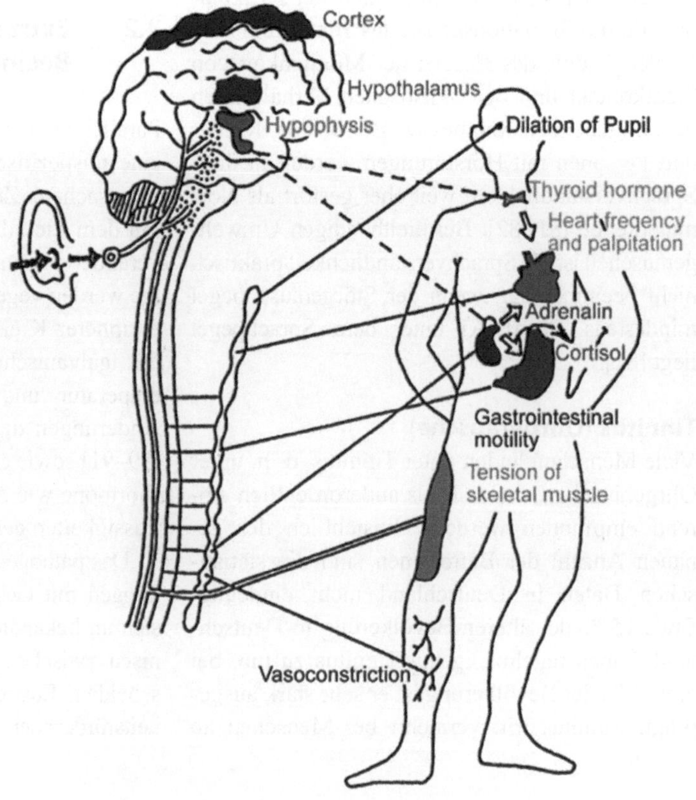

Abb. 12 Extraaurale Reaktionslinien. (Quelle: nach [95])

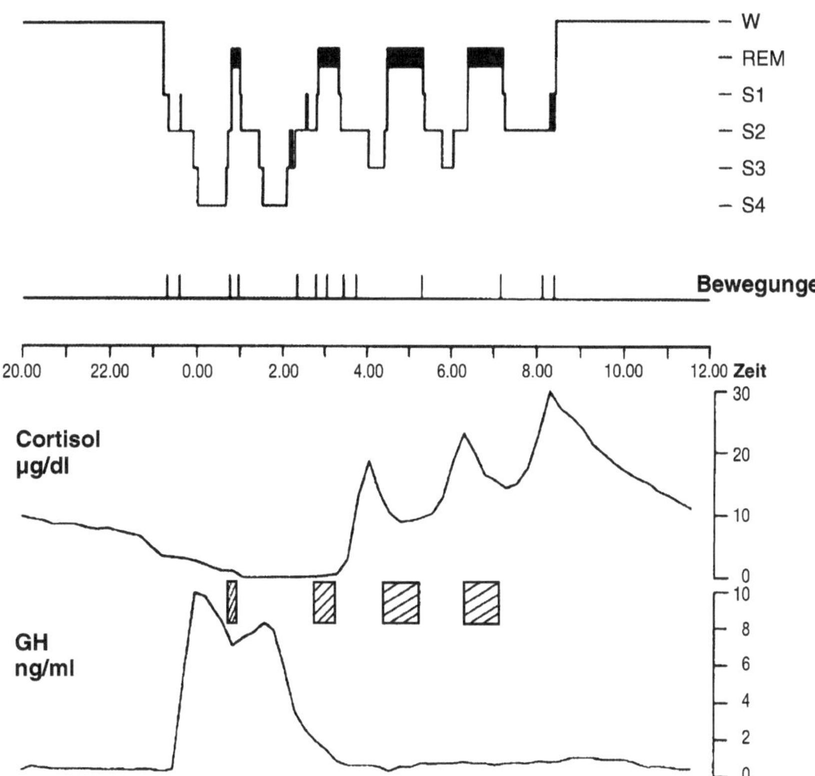

Abb. 13 Typisches Schlafzyklogramm eines jungen, gesunden Schläfers und nächtlicher Verlauf der Plasma-CortisolKonzentration sowie Freisetzung von Wachstumshormonen. Die gestrichelten Kästchen kennzeichnen die REM-Schlafzeiten. (Quelle: [98])

Deltaschlaf (tiefer Schlaf) ist eng mit der körperliche Erholung verbunden, der REM-Schlaf (Traumschlaf) mit der geistig-emotionelle Erholung. Personen mit einem Traumschlaf-Entzug über mehrere Wochen zeigen Angstzustände bis hin zu psychischen Störungen.

Neben der biologischen ist auch die psychische Komponente des Schlafs zu beachten. Jegliche Störung des Nachtschlafs wird von den Menschen als etwas Unangenehmes, als ein Eingriff in ihre Intimsphäre bewertet. Das Erwachen während des Nachtschlafs wird subjektiv als unangenehm erlebt und ruft negative emotionale Zustände hervor.

Auswirkungen von Lärm auf den Schlaf

Schlafstörungen werden in Beschwerden als besonders schwerwiegend beklagt. Als langfristige Folgen werden häufig Tagesmüdigkeit, Unwohlsein, rasche Erschöpfbarkeit, Antriebsschwäche und Leistungseinbußen genannt.

Im Schlaf regeneriert sich der Organismus und ergänzt seine „Energiereserven". Durch nächtlichen Lärm kann der Schlaf und damit der „Regenerationsprozess" empfindlich gestört werden, denn nächtliche Lärmereignisse führen häufig zu einem erhöhten Erregungsniveau von wenigen Sekunden. Diese kurzfristigen Zustandsänderungen werden in der Schlafmedizin als Arousal bezeichnet. Arousal stellen unter physiologischen Bedingungen einen Schutzreflex dar. Die Arousel-Reaktion kann von einer alleinigen vegetativen Reaktion (z. B. Erhöhung der Herzfrequenz und des Blutdruck) bis zu einem kortikalen Arousal (EEG-Arousal) mit Erlangung des aktiven Wachseins reichen [z. B. 99–102]. Die Stärke der lärminduzierten Arousal ist grundsätzlich abhängig von der Intensität und der Anzahl der Schallreize sowie von deren Zeitstruktur, aber ebenso von der Schlaftiefe (Schlafstadium) des Schläfers und dem Informationsgehalt des Geräusches. Die

Alarmfunktion des Gehörsinns kann auch bei sehr leisen Geräuschen zum Erwachen führen, wenn im Geräusch eine unvertraute oder gar auf Gefahr hindeutende Information enthalten ist (vgl. Abschn. 3.3). Umgekehrt kann Gewöhnung an chronisch vertraute Geräusche soweit führen, dass ein unerwartetes Ausbleiben zum Erwachen führt (z. B. Ausfallen planmäßiger seltener Zugvorbeifahrten).

EEG-Arousel stellen immer eine Unterbrechung des Schlafablaufs dar. Wiederholte lärminduzierte EEG-Arousal deformieren die zirkadianen Schlafrhythmen, reduzieren den Tief- und Traumschlaf, verlängern den Schlaf in flachen Schlafstadien einschließlich von Wachzeiten und können die Schlafzeit verkürzen. Darüber hinaus kann auch die Hormonausschüttung beeinträchtigt werden, da z. B. die Ausschüttung von Cortisol und Wachstumshormonen an die Schlafstadien gekoppelt sind (vgl. Abb. 12). Der Schlaf von Kindern, Schwangeren, Müttern von Kleinkindern sowie von älteren Menschen und Schichtarbeitern ist besonders empfindlich und daher leicht durch Lärm zu stören [100, 101, 103].

Grundsätzlich muss die häufige lärmbedingte Störung physiologisch programmierter Funktionsabläufe als gesundheitlich kritisch eingestuft werden. Dies gilt auch für Aufwachreaktionen. Lärmbedingte Wachphasen müssen als abnormal und langfristig als Gesundheitsrisiko beurteilt werden. Ungestörter Schlaf von ausreichender Dauer ist für den Menschen eine biologische Notwendigkeit und längerfristig gestörter Schlaf ein Gesundheitsrisiko. Studien über Schlafstörung bei Kindern, bei Schichtarbeitern sowie die biologische Plausibilität der Wirkung belegen die gesundheitsgefährdende Wirkung von chronisch gestörtem Schlaf [103, 104].

Um lärmbedingte Schlafstörungen zu vermeiden wurden in älteren Übersichtsarbeiten Wirkungsschwellen angegeben, bei deren Unterschreitung Schlafstörungen mit hoher Wahrscheinlichkeit auszuschließen waren (z. B. [5, 105]). Das Ausmaß der Störungen oberhalb der Wirkungsschwellen blieb bei diesem Ansatz jedoch unberücksichtigt. Aussagekräftiger als Wirkungsschwellen sind Belastungs-Wirkungskurven, die den Zusammenhang zwischen der Lärmbelastung und der daraus resultierenden Wirkung über einen größeren Lärmbereich beschreiben (z. B. [106]). Belastungs-Wirkungskurven sind sowohl für Aufwachreaktionen als auch für selbstberichtete Schlafstörungen erarbeitet worden. Weitere bzw. überarbeitete Belastungs-Wirkungskurven werden folgen.

Die bekannteste Belastungs-Wirkungskurve für Aufwachreaktionen wurde von Basner et al. in Feldstudien anhand von 64 schlafgesunden und normal hörenden Anrainern des Köln-Bonner Flughafens (19–61 Jahre) in neun aufeinander folgenden Nächten gewonnen, wobei der Schallpegel außen und innen (am Ohr des Schläfers) kontinuierlich gemessen und der Schlafverlauf mittels Schlafpolygraphie aufgezeichnet wurde (z. B. [82, 107]). Abb. 14 zeigt den Zusammenhang zwischen fluglärminduzierter Aufwachwahrscheinlichkeit (einschließlich Wechsel nach Schlafstadium 1) und dem Maximalpegel des Fluggeräuschs.

Bereits bei Maximalpegeln oberhalb von 33 dB(A) ergab sich eine Zunahme der unter Fluglärm beobachteten Aufwachwahrscheinlichkeit im Vergleich zur spontanen Aufwachwahrscheinlichkeit. Dabei ist zu beachten, dass Störungen physiologischer Funktionsabläufe auch unterhalb der Aufwachschwelle zu verzeichnen sind. Es ist daher nicht unproblematisch, aus mittleren fluglärminduzierten Aufwachreaktionen einen allgemein gültigen hygienischen Grenzwert für den Schutz des Schlafes abzuleiten (z. B. [109–111]).

Auf einer weitaus größeren Datenbasis wurden Belastungs-Wirkungszusammenhänge für selbstberichteten Schlafstörungen für Straßenverkehr, Flugverkehr sowie Schienenverkehr erarbeitet. Die Analysen beruhen auf mehr als 12000 Angaben aus 12 Feldstudien (vgl. [103, 112, 113]). Die Lärmbelastung wurde jeweils für die am höchsten belastete Fassade ermittelt (most exposed facade outside). Im Pegelbereich von 45–65 dB(A) wurden die empirischen Kurven durch mathematische Funktionen (Polynome) angepasst und bis zu einem Pegel von 70 dB(A) extrapoliert. Abb. 15 zeigt den Zusammenhang zwischen selbstberichteten hochgradigen Schlafstörungen (% highly sleep disturbed) und dem nächtlichen Dauerschallpegel (L_{night}) der am höchsten belasteten

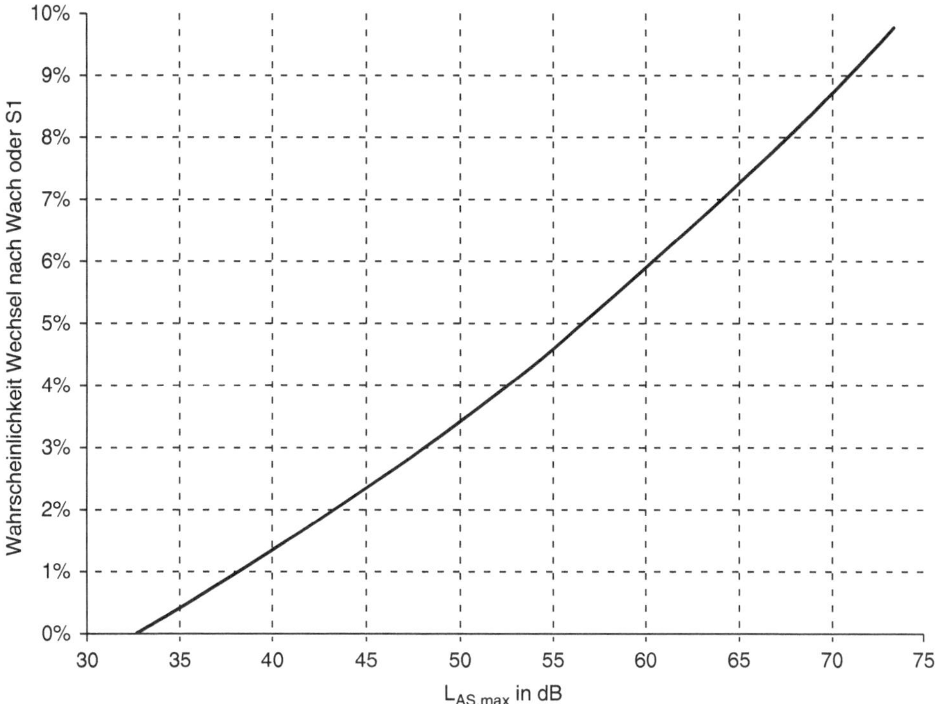

Abb. 14 Fluglärminduzierte Aufwachreaktion in Abhängigkeit vom Maximalpegel des Fluggeräusches. Reaktionen traten bei Maximalpegeln oberhalb von 32,7 dB auf. [108]. Die Wirkungsschwelle lag nur ca. 6 dB über dem Hintergrundpegel

Fassade. Als hochgradige Schlafstörungen werden Angaben bezeichnet, die auf einer Antwortskala von 0 (nicht schlafgestört) bis 100 (stark schlafgestört) die Punktzahl 72 (72 % der Skalenlänge) erreichen oder überschreiten.

Mit Hilfe dieser Belastungs-Wirkungszusammenhänge kann z. B. für eine angestrebte Reduzierung des nächtlichen Dauerschallpegels die Verminderung der Anzahl hochgradig Schlafgestörter berechnet werden. Darüber hinaus ist es möglich, die relative Anzahl der hochgradig Schlafgestörten bei der Einwirkung mehrerer Verkehrslärmquellen mit Hilfe von Substitutionspegeln zu ermitteln (Gesamtlärmbetrachtung). Dieser Ansatz wird in der VDI 3722 Blatt 2 beschrieben [42].

Bei Fluglärm ist zu beachten, dass in jüngeren Untersuchungen (1996 bis 2006) bei gleichen Pegelwerten deutlich höhere Schlafstörungen ermittelt wurden ([114], gestrichelte Linie), als in älteren Untersuchungen (durchgezogene Linie). Dies verdeutlicht, dass Belastungs-Wirkungsbeziehungen keine Naturkonstanten sind, sie können sich mit den befragten Menschen ändern.

Konzentrations- und Leistungsbeeinträchtigungen

Leistungsstörungen gehören zu den häufig genannten und als erheblich beklagten Lärmwirkungen. Grundsätzlich können alle mentalen Leistungen und solche körperlichen Tätigkeiten, die einer besonderen geistigen Kontrolle bedürfen, bereits durch Mittelungspegel ab 45 dB(A) beeinträchtigt werden ([115], Kloepfer et al. 2006). Die Beeinträchtigung wird durch jede Art von Auffälligkeit des Schallreizes verstärkt, durch intermittierenden, unvorhersehbaren Lärm, unregelmäßige Pegelschwankungen, hochfrequente Anteile oder besondere Ton- und Informationshaltigkeit des Schallereignisses (z. B. Sprache).

In vielen Belastungssituationen wird die lärmbedingte Leistungseinbuße durch einen erhöhten

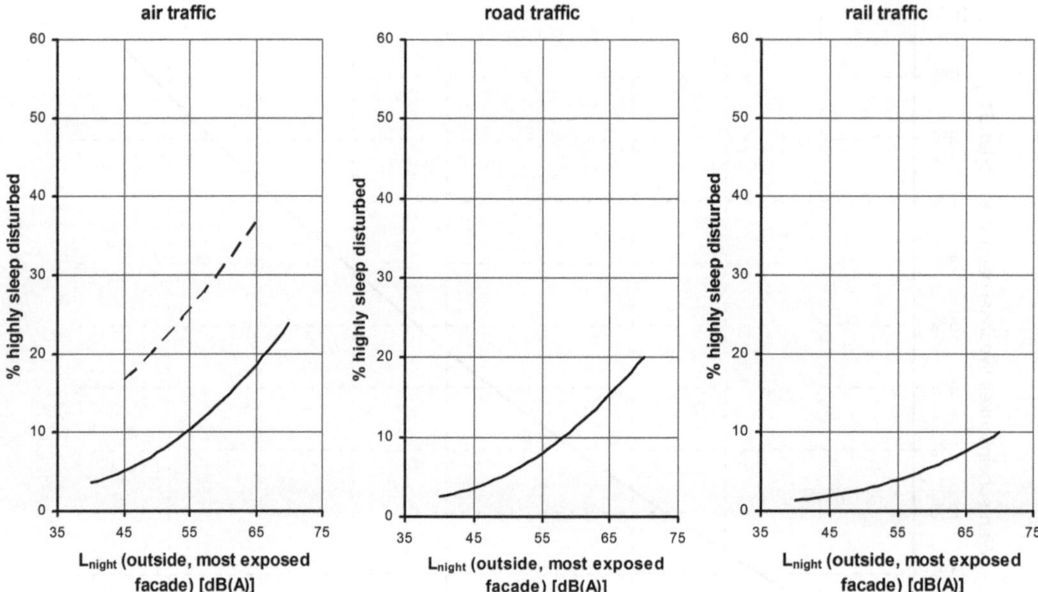

Abb. 15 Belastungs-Wirkungsbeziehungen für selbstberichtete hochgradige Schlafstörungen (% highly sleep disturbed) bezogen auf den nächtlichen Dauerschallpegel (L_{night}) der am höchsten belasteten Fassade für Flugverkehr (linke Spalte), Straßenverkehr (mittlere Spalte) und Schienenverkehr (rechte Spalte) [nach 103] Beim Flugverkehr ist zusätzlich eine Belastungs-Wirkungsbeziehung gestrichelt eingezeichnet, die nur neuere Studien berücksichtigt, die von 1996 bis 2006 publiziert wurden (nach [114])

Aufwand, z. B. zusätzliche Konzentrationsanstrengungen, kompensiert, so dass vorübergehend sogar Leistungssteigerungen auftreten können. Zahlreiche Untersuchungen belegen aber eine Nachwirkung des Lärms über den Belastungszeitraum hinaus, die sich in Form erhöhter Ermüdung oder herabgesetzter Konzentrationsfähigkeit und Belastbarkeit zeigen kann ([116]).

Ein besonderes Problem ist die lärmbedingte Verschlechterung der Lernleistungen von Kindern in der Schule. Es zeigte sich eine Retardierung sowohl hinsichtlich intellektueller Leistungen als auch psychischer Faktoren wie der Motivation zum Lösen schwieriger Aufgaben (z. B. [117–119]). Es handelt sich vor allem um messbare Störungen im Bereich des Leseverständnisses. Kinder in Schulen mit einer hohen Fluglärmbelastung waren z. B. weniger gut in der Lage, einen gelesenen Text zu verstehen als Kinder, die eine fluglärmfreie Schule besuchten. In Folge von lärmbedingten Schlafbeeinträchtigungen an lärmbelasteten Wohnorten kann darüber hinaus das Erlernte weniger gut konsolidiert werden (z. B. [120–122]).

3.3 Belästigung

Lärm ist für den Menschen nicht nur die Einwirkung eines physikalischen Reizes, sondern ein Erlebnis. Das Lärmerlebnis und die dabei ablaufenden veränderten Funktionen können sich als Belästigung nachhaltig in das Gedächtnis der Menschen einprägen. Belästigung bezeichnet daher den Ausdruck negativ bewerteter Emotionen auf bestimmte Einwirkungen aus dem äußeren und inneren Milieu des Menschen. Belästigung drückt sich z. B. durch Unwohlsein, Angst, Bedrohung, Ärger, Ungewissheit, eingeschränktes Freiheitserleben, Erregbarkeit oder Wehrlosigkeit aus.

In das Belästigungsurteil (engl.: annoyance, auch mit Lästigkeit, Störung, Plage, Verdruss, Ärger übersetzbar) gehen sowohl schallbezogene Variablen (Mediatoren, Stimulusvariable) ein als auch auf das exponierte Individuum bzw. die exponierte Gruppe bezogene Variablen, die als Moderatoren bezeichnet werden (vgl. Abschn. 4). Als bewusster Wahrnehmungsprozess zeigt sich die Belästigung auch als Veränderung im vegetativen und hormonellen Regulationsprozess [123–125]. Lang anhaltende starke

Belästigung ist als Übergangsstadium von Gesundheit zur Krankheit einzustufen [126].

Funktionale Beziehungen zwischen Belästigung (annoyance) und Lärmbelastung (exposure) wurden international wiederholt untersucht und in Meta-Analysen zusammengefasst (z. B. [113, 127–129]). Nach mehreren Aktualisierungen wurden diese Belastungs-Wirkungsbeziehungen vom Expertennetzwerk der Europäischen Kommission zum Standard für die Europäische Union erklärt ([130, 131]). Die Lärmbelästigung wird i. d. R. über die zurückliegenden 12 Monate erfragt (vgl. [132]). Das Belästigungsurteil beschreibt demzufolge nicht die momentan herrschende Geräuschbelastung, sondern das längerfristige Lärmerleben mit seinen vielfältigen Situationen und unterschiedlichen Tätigkeiten unter Berücksichtigung der individuellen Erwartung, Gewöhnung, Sensibilisierung und Konditionierung. Ausgewertet wird eine „bevölkerungsbezogene" Belästigung. Alle Personen die auf einer Belästigungs-Skala von 0 (nicht belästigt) bis 100 (extrem belästigt) die Punktzahl 72 (72 % der Skalenlänge) erreichen oder überschreiten, werden als „hochgradig belästigt" (highly annoyed) bezeichnet. Abb. 16 zeigt den Zusammenhang zwischen hochgradiger Belästigung (% highly annoyed) und dem Tag-Abend-Nacht-Pegel (L_{den}) der am höchsten belasteten Fassade.

Daten, die aus solchen Dosis-Wirkungsbeziehungen gewonnen werden, unterscheiden sich grundsätzlich von umweltmedizinischen bzw. -hygienischen Schwellen- und Grenzwerten. Während die Schadstoffhygiene mit Hilfe von No Observable Adverse Effect Level (NOAEL), Acceptable Daily Intake (ADI), maximal zulässige Immissionskonzentration (MIK) und ähnlichen dosisbezogenen Beurteilungsgrößen „Nullrisiken" und damit biologische Individualakzeptanz zu schaffen versucht, erlaubt die Anwendung von Dosis-Wirkungsbeziehungen lediglich eine sinnvolle Minimierung der Zahl der Belästigten bzw. der Belästigungsintensität [vgl. 133].

Das Deutsche Bundesimmissionsschutzgesetz fordert u. a. den Schutz der Bevölkerung vor „erheblichen Belästigungen" (BImSchG). Bei dem

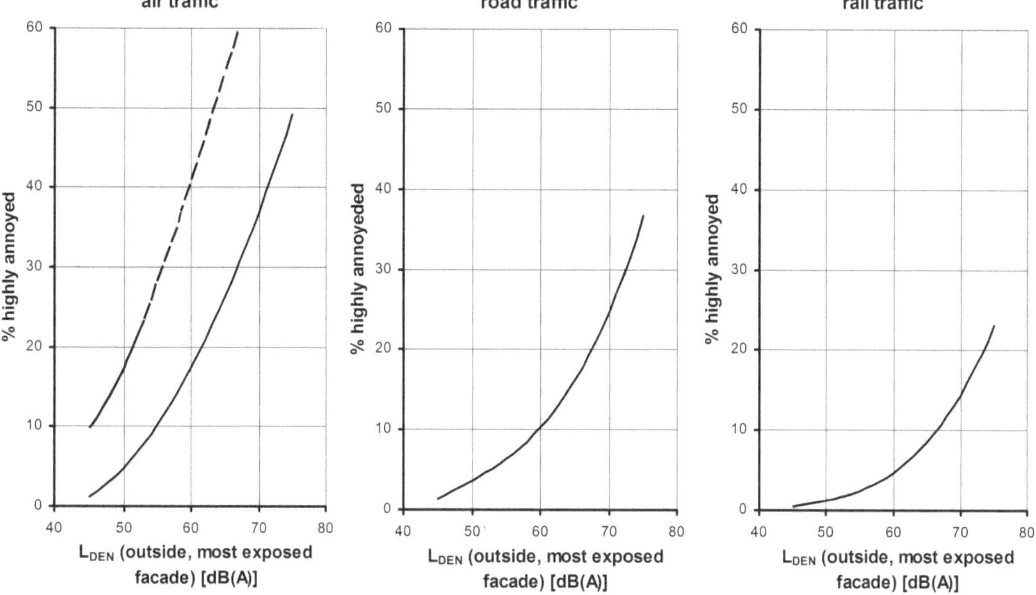

Abb. 16 Belastungs-Wirkungsbeziehungen für hochgradige Belästigung (% highly annoyed) bezogen auf den Tag-Abend-Nacht-Pegel (L_{den}) der am höchsten belasteten Fassade für Flugverkehr (linke Abbildung), Straßenverkehr (mittlere Abbildung) und Schienenverkehr (rechte Abbildung) (nach [130]) Beim Flugverkehr ist zusätzlich eine Belastungs-Wirkungsbeziehung gestrichelt eingezeichnet, die nur neuere Studien berücksichtigt, die von 1996 bis 2006 publiziert wurden (nach [114])

Versuch, umweltpsychologische Kriterien zur „Erheblichkeit“ von Belästigungen zu entwickeln, wurden von Verkehrslärm betroffene Anwohner nach ihren Vorstellungen über „Erheblichkeit“ befragt, wobei eine Belästigungssituation als erheblich eingestuft wurde, wenn der Prozentsatz Belästigter 25 % oder mehr betrug (vgl. [134]). In ähnlicher Größenordnung lag ein Vorschlag von Hörmann [135], bei einem Prozentanteil „stark Gestörter“ von mehr als 25 % „sofortige Schutzmaßnahmen“, von 10 bis 25 % „stark Gestörter“ „langfristige Gegenmaßnahmen“, bis 10 % „stark Gestörter“ hingegen keine Immissionsschutzmaßnahmen einzuleiten.

3.4 Herz-Kreislauf-Krankheiten

Über zentralnervöse Prozesse beeinflusst der Lärm entweder direkt oder indirekt über das subjektive Erleben (Störung, Belästigung) das neuroendokrine System. Als Folge werden Stoffwechselvorgänge und die Regelung lebenswichtiger Körperfunktionen beeinflusst. Zu nennen sind z. B. der Blutdruck, die Herztätigkeit, die Blutfette (Cholesterin, Triglyzeride, freie Fettsäuren), der Blutzuckerspiegel und hämostatische Faktoren (z. B. Fibrinogen), die die Fließeigenschaften des Blutes beeinflussen (Plasma-Viskosität) [136–138]. Da es sich dabei um klassische (endogene) Risikofaktoren für Herz-Kreislaufkrankheiten handelt, wird Lärm als (exogener) Risikofaktor für die Entwicklung von Bluthochdruck und Herzkrankheiten einschließlich Herzinfarkt und Schlaganfall angesehen, Abb. 17.

Die häufigste und am besten untersuchte Gesundheitsstörung durch Lärm ist neben der Lärmschwerhörigkeit die Bluthochdruckkrankheit (Hypertonie). Schon 1968 (Graff et al.) wurde der Zusammenhang zwischen starker beruflicher Lärmbelastung und Blutdruckerhöhung wissenschaftlich erbracht. Eine Gruppe von Lärmbetroffenen und eine Kontrollgruppe wurden im „Längsschnitt“, das heißt über mehr als 13 Jahre beobachtet. Dabei zeigte sich, dass die in einer Kesselschmiede sehr starkem Lärm ausgesetzten Männer fast ausnahmslos im Beobachtungszeitraum eine Hypertonie entwickelten, während in der Vergleichsgruppe ohne starke berufliche Lärmbelastung zwar auch eine altersbedingte Erhöhung des durchschnittlichen Blutdrucks eintrat, aber in wesentlich geringerem Ausmaß. Große epidemiologische Studien haben den Befund für hohe Verkehrslärmbelastungen am Wohnort bestätigt. Begründete Zweifel an einem kausalen Zusammenhang bestehen nicht mehr. Es ist hervorzuheben, dass der nächtlichen Lärmbelastung eine besondere Bedeutung für die Entwicklung einer Hypertonie zukommt (vgl. [141]). Als weitere Gesundheitsstörungen werden insbesondere das vermehrte Auftreten von Herzinfarkten und Schlaganfällen diskutiert. Diese Krankheiten treten im Gefolge von Blutdruckerhöhungen gehäuft auf. Ein Zusammenhang ist daher grundsätzlich plausibel.

Für lärmbedingte Herzinfarkte geht das Umweltbundesamt seit dem Jahr 2010 von einem wissenschaftlich „nachgewiesenen Zusammenhang“ aus ([142]). Der Hauptgrund für den schwierigen Nachweis eines kausalen Zusammenhangs ist die lange Zeitdauer zwischen dem Beginn der Lärmexposition und dem Auftreten eines Herzinfarkts. Am Beispiel einer schweizerischen Untersuchung wird dies deutlich [143]. Bei der Analyse der Sterbeursachen der gesamten schweizerischen Bevölkerung zeigte sich eine Häufung von Herzinfarkten im Zusammenhang mit Lärm. Mit statistischer Sicherheit konnte die Zunahme der Herzinfarkte nur bei den Menschen nachgewiesen werden, die 15 Jahre am selben Ort wohnten und in dieser Zeit einer starken Fluglärmbelastung ausgesetzt waren.

Für Schlaganfälle liegen mehrere übereinstimmende Befunde hinsichtlich des Zusammenhangs zwischen Verkehrslärm und der vermehrten Häufigkeit von Schlaganfällen vor (z. B. [144–147]). Eine allgemein anerkannte Einstufung als „nachgewiesener Zusammenhang“ steht noch aus.

Dass Lärm zu Gesundheitsschäden führen kann, ist heute nicht nur für die chronische Blutdruckerhöhung, sondern auch für Herzinfarkte unbestritten (z. B. [140, 148]). Wegen der großen Gesundheitsrelevanz ist dem nächtlichen Lärm besondere Aufmerksamkeit zu schenken.

Für die genannten Gesundheitsendpunkte sind bisher nur wenige Belastungs-Wirkungsbeziehungen

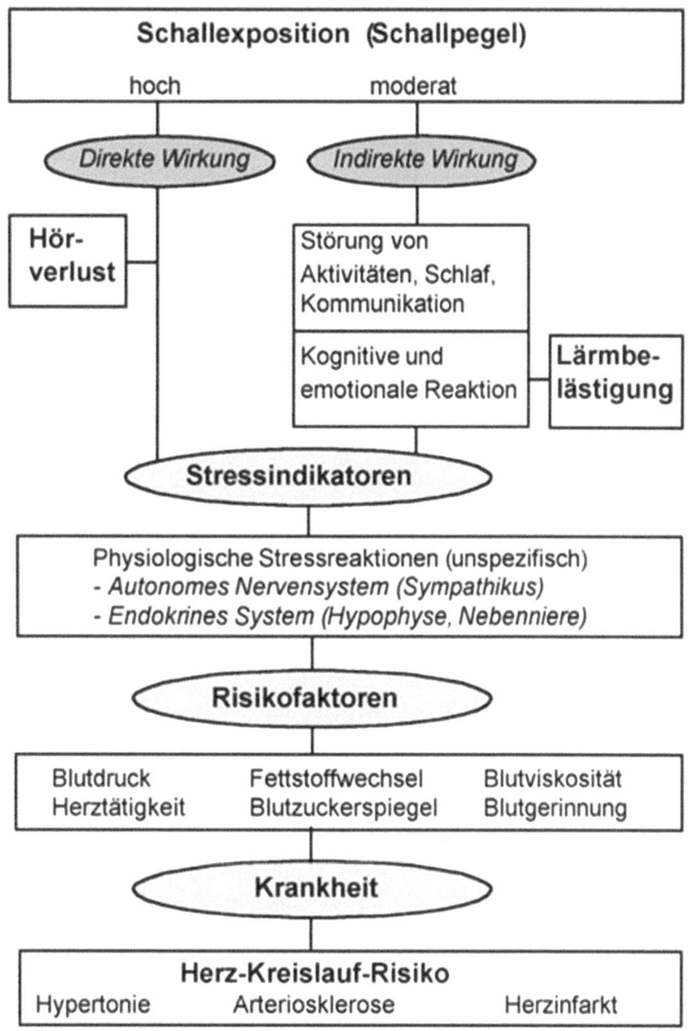

Abb. 17 Wirkungsschema zum lärmbedingten Herz-Kreislauf-Risiko. (Quelle: z. B. [136, 139, 140])

erarbeitet worden. Die Europäische Umweltagentur (EEA 2010) schlägt z. B. vor, bis auf Weiteres die Belastungs-Wirkungsbeziehung für Herzinfarkte heranzuziehen, die 2006 von Babisch auf der Grundlage einer Metaanalyse ermittelt wurde. Weitere Belastungs-Wirkungsbeziehungen werden derzeit von der Wissenschaft erarbeitet.

4 Nichtakustische Einflussgrößen (Moderatoren)

Da Lärm ein psychophysikalischer Reiz ist, können Lärmwirkungen nicht allein durch die Intensität des Geräusches, d. h. durch Schallpegel, erklärt werden. Bevölkerungsuntersuchungen zeigen, dass z. B. maximal ein Drittel der Varianz von Belästigungsurteilen unter Feldbedingungen durch den äquivalenten Dauerschallpegel erklärt werden kann [149]. Ein Zugewinn der Prädiktion individueller Belästigungsreaktionen bei Verwendung psychoakustisch motivierter Geräuschindikatoren wurde in komplexen akustischen Situationen beispielsweise nach Schallschutzmaßnahmen oder in alpinen Regionen nachgewiesen [150].

Mit dem Konzept von „non acoustical factors“ können die individuellen Unterschiede weiter aufgeklärt werden. Die Lärmforschung geht heute davon aus, dass situative, personale und soziale Faktoren die Wirkung der akustischen Belastung beeinflussen, ohne selbst wesentlich durch die akustische Belastung beeinflusst zu werden.

Zu den wichtigsten situativen Moderatorvariablen gehört der (Tages-)Zeitpunkt der akustischen Belastung. Ergebnisse internationaler Felduntersuchungen zeigen, dass Anwohner von Lärmquellen Ruhe vor allem in der Nacht, in den späten Abendstunden und am Wochenende (v. a. sonntags) wünschen, und die Lästigkeit einer Lärmquelle steigt, wenn sie nicht nur tagsüber, sondern auch abends und nachts aktiv ist. So zieht Fields [151] aus einer großen US-amerikanischen Untersuchung den Schluss, dass ein 24-Stunden-Tag grob in vier unterschiedlich sensible Perioden eingeteilt werden sollte: die Nacht (0–5 Uhr), den Tag (9–16 Uhr) und zwei Übergangsperioden. Er begründet diese Einteilung vor allem durch die unterschiedlichen Tätigkeitsintentionen der Betroffenen zu verschiedenen Tageszeiten. Zu ähnlichen Ergebnissen kommen auch Hecht et al. [152]. Sie verarbeiteten die in den letzten 35 Jahren publizierten Tagesverläufe verschiedener Körperfunktionen und kommen zu dem Schluss, dass der Organismus besonders in der Nacht und in der Übergangszeit zwischen Tag und Nacht empfindlich auf Lärm reagiert. Das stimmt auch mit Ergebnissen aus jüngeren Befragungen zur Lärmbetroffenheit überein [153, 154].

Zu den wichtigsten personalen Moderatorvariablen gehört der Grad der individuellen Lärmempfindlichkeit. Schon McKennell [155] konnte zeigen, dass Personen, die sich selbst als lärmempfindlich bezeichnen, deutlich stärker auf Fluglärm reagieren als Personen, die sich selbst als weniger lärmempfindlich bezeichnen.

Dagegen zeigen demographische Variablen wie Alter, Geschlecht, Ausbildung und Hausbesitz i. d. R. keinen systematischen Einfluss auf die Auswirkungen von Lärm. Allenfalls bei Veränderungen der Lärmbelastung werden geringe Effekte berichtet [156].

Auch wenn personale und soziale Faktoren selten exakt voneinander getrennt werden können, schlägt Guski [157–159] vor, solchen Faktoren besondere Beachtung zu widmen, die sozialen Charakter haben, d. h. ganze Gruppen von Menschen betreffen. Diese Faktoren spielen bei der Ausbildung von Belästigungsreaktionen eine zentrale Rolle. Zu ihnen gehören vor allem

- die generelle Bewertung einer Lärmquelle,
- Vertrauen in die für Lärm und Lärmschutz Verantwortlichen,
- die Geschichte der Lärmexposition und
- Erwartungen der Anwohner.

Diesen Faktoren sollten bei Lärmminderungsmaßnahmen bzw. bei Neubau oder Erweiterung von lärmintensiven Anlagen (z. B. Flughäfen) große Bedeutung beigemessen werden. Sie müssen positiv gestaltet werden. So erzeugt z. B. ein Misstrauen lärmbetroffener Bürger gegenüber verantwortlichen Behörden bzw. Institutionen auch Misstrauen gegen geplante (durchgeführte) Lärmschutzmaßnahmen. Unabhängig vom physikalischen Erfolg der Schutzmaßnahmen kann die Belästigung weiter auf einem hohen Niveau bestehen bleiben. Darüber hinaus ist zu berücksichtigen ob die neue Lärmquelle „ortsüblich" ist, d. h. in die Geschichte der Lärmbelastung eines Gebiets passt und die Belastung der Bevölkerung nicht wesentlich verändert. Mit dieser Frage beschäftig sich u. a. die Soundscape Forschung (z. B. [160]).

Die Erhöhung der Akzeptanz einer Lärmquelle kann jedoch keine schalltechnischen Maßnahme oder auch Lenkungsmaßnahme ersetzen.

Literatur

1. Lindsay, P.H., Norman, D.A.: Human information processing, 2. Aufl. Academic Press, New York (1977). Maschke, C., Breinl, S., et al.: Der Einfluß von Nachtfluglärm auf den Schlaf und die Katecholaminausscheidung. Bundesgesundheitsblatt **35**, 119–122 (1992)
2. Zwislocki, J.I.: Temporal summation of loudness: an analysis. J. Acoust. Soc. Am. **46**, 431 (1969)
3. von Békésy, G.: Experiments in Hearing. McGraw-Hill, New York (1960)
4. Brownell, W.E.: Outer hair cell motility and cochlear frequency selectivity. In: Moore, B.C.J., Patterson, R.D. (Hrsg.). Auditory Frequency Selectivity. Plenum Press, New York (1986)
5. WHO, World Health Organisation: Noise and health. Regional Office for Europe, World Health Organization, Geneva (2000)

6. Spreng, M.: Central nervous system activation by noise. Noise Health **2**(7), 49–57 (2000)
7. Spreng, M.: Psychophysiologische Lärmwirkungen. In: Wichmann, S., Fülgraff, G. (Hrsg.) Handbuch der Umweltmedizin: Toxikologie, Epidemiologie, Hygiene, Belastungen, Wirkungen, Diagnostik, Prophylaxe. Ecomed. Verlagsgesellschaft, Landsberg (2014)
8. Fastl, H., Zwicker, E.: Psychoacoustics, Facts and Models. 3. Aufl., S. 462. Springer, Berlin/Heidelberg/New York (2007). 313 fig., incl
9. Benedini, K.: Ein Funktionsschema zur Beschreibung von Klangfarbenunterschieden. Biol. Cybern. **34**, 111–117 (1979)
10. Letowski, T.: Timbre, tone color and sound quality: concepts and Definitions. Arch. Acoust. **17**, 17–30 (1992)
11. Schauten, J.F.: The perception of timbre. Reports of the 6th ICA Tokyo, S. 35–40 (1968)
12. Fastl, H., Stoll, G.: Scaling of pitch strength. Hear. Res. **1**, 293–301 (1979)
13. Fruhmann, M.: Ein Modell der Ausgeprägtheit der Tonhöhe in Theorie und Praxis. In: Tagungsband Fortschritte der Akustik – DAGA 2006, S. 315–316. DEGA, Braunschweig 20.–23.03.2006. (PDF, 113 kB) (2006)
14. Aures, W.: Ein Berechnungsverfahren der Rauhigkeit. Acustica **58**, 268–281 (1985)
15. Terhardt, E.: Über akustische Rauhigkeit und Schwankungsstärke. Acustica **20**, 215–224 (1968)
16. Aures, W.: Berechnungsverfahren für den sensorischen Wohlklang beliebiger Schallsignale. Acustica **59**, 130–141 (1985)
17. Zwicker, E.: Subjektive und objektive Dauer von Schallimpulsen und Schallpausen. Acustica **22**, 214–218 (1970)
18. Fastl, H., Büeler, R., Fruhmann, M.: Different implementations of a model for subjective duration. In: Jekosch, U. (Hrsg.) Tagungsband Fortschritte der Akustik – DAGA 2002, S. 470–471. Bochum. 04.–08.03.2002 (2002)
19. Köhlmann, M.: Rhythmische Segmentierung von Sprach- und Musiksignalen und ihre Nachbildung mit einem Funktionsschema. Acustica **56**, 193–204 (1984)
20. Widmann, U.: Ein Modell der psychoakustischen Lästigkeit von Schallen und seine Anwendung in der Praxis der Lärmbeurteilung. Dissertation, TU München (1992)
21. Johannsen, K.: Zusammenhangsanalyse zwischen physikalischen Merkmalen und Hauptkomponenten der Beurteilungsattribute von Umweltgeräuschen. Dissertation, TU-Berlin (1997)
22. Fastl, H.: Neutralizing the meaning of sound for sound quality evaluations. In: Intern. Commission for Acoustics. (Hrsg.) Proceedings of International Congress on Acoustics ICA 2001, Bd. IV. Rome, Italy (2001)
23. Ellermeier, W.. Zeitler, A., Fastl, H.: Predicting annoyance judgments from psychoacoustic metrics: identificable versus neutralized sounds. In: Proceedings of 33rd International Congress on Noise Control Engineering INTER-NOISE 2004, Prague, Czech Republic. 22.–25.08.2004. Proceedings, Book of Abstracts, Nr. 267 (2004)
24. Hellbrück, J., Fastl, H., Keller, B.: Does meaning of sound influence loudness judgements? In: Proceedngs of ICA 004, 18. International Congress on Acoustics, Bd. II, S. 1097–1100. Kyoto. Acoustic Science and Technology for Quality of Life, 04.–09.04.2004. Ed.: International Commission on Acoustics (2004)
25. Zeitler, A., Ellermeier, W., Fastl, H.: Significance of meaning in sound quality evaluation. In: Cassereau, D. (Hrsg.) Tagungsband Gemeinschaftstagung 7ème Congrès Français d'Acoustique, 30. Jahrestagung für Akustik, CFA/DAGA 04, Straßburg, Frankreich, S. 781–782. Societé Francaise d'Acoustique, Paris. 22.–25.03.2004 (2004)
26. Blauert, J.: Cognitive and aesthetic aspects of noise engineering. Proc. Inter-Noise '86. **I**, 5–14 (1986)
27. Blauert, J., Jekosch, U.: Sound quality evaluation – a multi-layered problem. Acust-Acta Act **83**(5), 747–753 (1997)
28. Genuit, K.: Sound engineering im Automobilbereich. Springer, Berlin (2010)
29. Widmann, U.: Aurally adequate evaluation of sounds. In: Proceedings of Euro-Noise '98, Bd. I, S. 29–46, Oldenburg (1998)
30. Fastl, H.: Sound design of machines from a musical perspective. In: Ebbit, G., Davies, P. (Hrsg.) Proceedings of Sound Quality Symposium SQS 2002, INCE Institut of Noise Control Engineering. USA, Dearborn. 22.08.2002 (2002)
31. Fastl, H.: Psychoacoustics, sound quality and music. In: Proceedings of of 36th International Congress on Noise Control Engineering INTER-NOISE 2007. Istanbul. 28.–31.08.2007 (2007)
32. Filippou, G., Fastl, H. Kuwano, S., Namba, S. Nakamura, S., Uchida, H.: Door sound and image of cars. In: Vorländer, M. (Hrsg.) Tagungsband Fortschritte der Akustik – DAGA 2003, S. 306–307. Aachen. 18.–20.03.2003 (2003)
33. Kuwano, S., Fastl, H., Namba, S., Nakamura, S., Uchida, H.: Quality of sounds of passenger cars. In: Proceedings of ICA 2004, 18. International Congress on Acoustics, Bd. II, S. 1365–1368, Kyoto. Acoustic Science and Technology for Quality of Life, 4.–09.04.2004. Ed.: International Commission on Acoustics (2004)
34. Kuwano, S., Fastl, H., Namba, S., Nakamura, S., Uchida, H.: Quality of door sounds of passenger cars. Acoust. Sci. Technol. **27**(5), 309–312 (2006)
35. Zeitler, A., Fastl, H., Hellbrück, J., Thoma, G., Ellermeier, W., Zeller, P.: Methodological approaches to investigate the effects of meaning, expectations and context in listening experiments. In: Proceedings of the 35th International Congress and Exposition on Noise Control Engineering. Inter-Noise 2006, Institute of Noise Control Engineering of the USA, Honolulu. 03.–06.12.2006 (2006)
36. Zwicker, E.: Psychoakustik. Springer, Berlin (1982)

37. Aures, W.: Der sensorische Wohlklang als Funktion psychoakustischer Empfindungsgrößen. Acustica **58**, 282–290 (1985)
38. von Bismarck, G.: Sharpness as an attribute of the timbre of steady sounds. Acustica **30**(5), 159–172 (1974)
39. von Bismarck, G.: Timbre of steady sounds: a factorial investigation of its verbal attributes. Acustica **30**(5), 146–159 (1974)
40. Heldmann, K.: Wahrnehmung, gehörgerechte Analyse und Merkmalsextraktion technischer Schalle. Dissertation, TU-München (1994)
41. Terhardt, E.: Akustische Kommunikation – Grundlagen mit Hörbeispielen. Springer, Berlin (1998)
42. Terhardt, E., Stoll, G.: Skalierung des Wohlklangs (der sensorischen Konsonanz) von 17 Umweltschallen und Untersuchung der beteiligten Hörparameter. Acustica **48**, 247–253 (1981)
43. Fastl, H., Patsouras, C.: Das Geräusch, das aus der Farbe kommt. Forschung. 2004(2), 13–14 (2004). DFG 2004. Wiley-VCH Verlag (2004)
44. Haverkamp, M.: Synästhetisches design – Kreative Produktentwicklung für alle Sinne. Carl Hanser Verlag, München (2009)
45. Menzel, D.: Zum Einfluss von Farben auf das Lautheitsurteil. Elektrotechnik, S. 123 Verlag Dr. Hut, München. ISBN 978-3-86853-971-4 (2011)
46. DIN 1318: Lautstärkepegel; Begriffe, Messverfahren. Deutsches Institut für Normung, Beuth Verlag, Berlin (1970)
47. Moore, G., Thomas, B.: A model for the prediction of thresholds, loudness and partial loudness. J. Audio. Eng. Soc. **45**, 224–240 (1997)
48. ANSI S3.4-2007: Procedure for the Computation of Loudness of Steady Sounds. American National Standards Institute, New York (2007)
49. Zwicker, E.: Dependence of post-masking on masker duration and its temporal effects in loudness. J. Acoust. Soc. Am. **75**, 219–223 (1984)
50. Glasberg, B.R., Moore, B.C.J.: A model of loudness applicable to time-varying sounds. J. Audio Eng. Soc. **50**, 331–342 (2002)
51. Chalupper, J., Fastl, H.: Dynamic loudness model (DLM) for normal and hearing-impaired listeners. Acustica **88**(3), 378–386 (2002). Hirzel-Verlag, Stuttgart
52. Rennies, J., Verhey, J.L., Chalupper, J., Fastl, H.: Modeling temporal effects of spectral loudness summation. Acta Acust. United Ac. **95**, 1112–1122 (2009)
53. Rennies, J., Verhey, J., Fastl, H.: Comparison of loudness models for time-varying sounds. Acta Acust. United Ac. **96**, 383–396 (2010)
54. Hesse, A.: Ein Funktionsschema der Spektraltonhöhe von Sinustönen. Acustica **63**, 1–16 (1987)
55. Terhardt, E.: Calculating virtual pitch. Hear. Res. **1**, 155–182 (1979)
56. Widmann, U., Fastl, H.: Calculating roughness using time-varying specific loudness spectra. In: Proceedings of Noise Con '98, Ypsilanti (1998)
57. Kuwano, S., Namba, S., et al.: Evaluation of the impression of danger signals – comparison between Japanese and German subjects. In: Results of the 7th Oldenburg Symposium on Psychological Acoustics. S. 15–128, Oldenburg (1997)
58. Kuwano, S., Namba, S., Hato, T.: Psychologische Bewertung von Lärm in Personenwagen; Analyse nach Nationalität, Alter und Geschlecht. Z. Lärmbekämpfung **41**, 78–83 (1994)
59. Namba, S., Kuwano, S., Koyasu, M.: The measurement of temporal stream of hearing by continous judgements – in the case of the evaluation of helicopter noise. J. Acoust. Soc. Jpn. (E) **14**(5), 341–352 (1993)
60. Altinsoy, M.E., Ute, J.U.: The semantic space of vehicle sounds: developing a semantic differential with regard to customer perception. J. Audio Eng. Soc **60**(1/2), 13–20 (2012)
61. Hashimoto, T.: Die japanische Forschung zur Bewertung von Innengeräuschen im Pkw. Z. Lärmbekämpfung **41**, 69–71 (1994)
62. Blauert, J.: Spatial Hearing. The Psychophysics of Human Sound Localisation. MIT Press, Cambridge, MA (1996)
63. Maschke, C., Jakob, A.: Psychoakustische Messtechnik. In: Möser, M. (Hrsg.) Messtechnik der Akustik. Springer, Berlin/Heidelberg (2008)
64. Cremer, L.: Die wissenschaftlichen Grundlagen der Raumakustik, Bd. 1. Hirzel-Verlag, Stuttgart (1948)
65. Uexküll, T.: Über die Notwendigkeit einer Reform des Medizinstudiums. Berliner Ärzte **27**(7), 11–17 (1990)
66. Hecht, K., Balzer, H-W., Rosenkranz, J.: Neue Regulationsdiagnostik zum objektiven Nachweis psychosomatischer Prämorbidität und Morbidität (sogenannte Modekrankheiten). Thüringisches Ärzteblatt 8 (1998)
67. DIN EN ISO 389-7.: Akustik – Standard-Bezugspegel für die Kalibrierung von audiometrischen Geräten – Teil 7: Bezugshörschwellen unter Freifeld- und Diffusbedingungen. Beuth Verlag, Berlin (2006)
68. DGUV, Deutsche Gesetzliche Unfallversicherung.: Empfehlung für die Begutachtung der Lärmschwerhörigkeit (BK-Nr. 2301) Königsteiner Empfehlung. Deutsche Gesetzliche Unfallversicherung (DGUV) – 2., korrigierte Aufl. 07.2012 (2012)
69. Schwarze, S., Notbohm, G., Gärtner, C.: Hochtonaudiometrie und lärmbedingter Hörschaden. Bericht Fb 1063, Schriftenreihe der Bundesanstalt für Arbeitsschutz und Arbeitsmedizin, Dortmund (2005)
70. VDI 2058 Blatt 2: Beurteilung von Lärm hin sichtlich Gehörgefährdung. Verein Deutscher Ingenieure, Düsseldorf (1988)
71. Jansing, P.J.: Berufskrankheit Lärmschwerhörigkeit. Prakt. Arb. Med. **6**, 6–11 (2006)
72. Plath, P.: Soziakusis – nicht beruflich bedingte Gehörschäden durch Lärm, Teil 1. HNO **46**(10), 887–892 (1998)

73. Zenner, H.P., Struwe, V., Schuschke, G., Spreng, M.: Gehörschäden durch Freizeitlärm. HNO **47**, 236–248 (1999)
74. Rothschild, M.A., Dieker, L., Prante, H., Maschke, C.: Schalldruckspitzenpegel von Schüssen aus Schreckschußwaffen. HNO **46**, 986–992 (1998)
75. Weith, W.: Schallimmission von pyrotechnischen Knallkörpern und ihre präventiv-medizinische Bewertung. Diplomarbeit, Technische Universität Berlin (2000)
76. Kubisch, C.: Genetische Grundlagen nichtsyndromaler Hörstörungen. Deutsches Ärzteblatt. **102**(43), A 2946 – A 2953 (2005)
77. Wagner, J.H., Ernst, A.: Ototoxizität als Nebenwirkung von Medikamenten. Prakt. Arb. Med. **7**, 8–11 (2007)
78. Whelton, A.: The Aminoglycosides: Microbiology, Clinical Use, and Toxicology. Marcel Dekker, New York (1982)
79. Lazarus, H., Lazarus-Mainka, G., Schubeius, M.: Sprachliche Kommunikation unter Lärm. Kiehl Verlag, Ludwigshafen (1985)
80. Lazarus, H., Sust, C.A., Steckel, R., Kulka, M., Kurtz, P.: Akustische Grundlagen sprachlicher Kommunikation. Springer, Berlin/Heidelberg (2008)
81. Interdisziplinärer Arbeitskreis für Lärmwirkungsfragen: Gutachtliche Stellungnahmen zu Lärmwirkungsbereichen (1982–1990). Bericht UBA LA500055, Umweltbundesamt, Berlin (1990)
82. Bormann, V., Sust, C.A., Heinecke-Schmitt, R., Fuder, H., Lazarus, G.: Schwerhörigkeit und Sprachkommunikation am Arbeitsplatz. Schriftenreihe der Bundesanstalt für Arbeitsschutz und Arbeitsmedizin Fb1041. Wirtschaftsverl. NW, Verl. für Neue Wiss, Bremerhaven (2005)
83. Adjamian, P., Sereda, M., Hall, D.A.: The mechanisms of tinnitus: perspectives from human functional neuroimaging. Hear. Res. **253**(1–2), 15–31 (2009)
84. Feldmann, H.: Homolateral and contralateral masking of tinitus by noisebands and by pur tones. Audiology **10**, 138–144 (1971)
85. Hoffmann, A., Markuset, M.: Tinnitus. Ursachen und Behandlung von Ohrgeräuschen, S. 160. Verlag Humboldt Schluetersche, Hannover (2009)
86. De Camp, U.: Beeinflussung des Tinnitus durch psychologische Methoden. Dissertation, TU-Berlin (1989)
87. Lockwood, A.H., Salvi, R.J., Burkard, R.F.: Tinnitus. N. Engl. J. Med. **347**, 904–910 (2002)
88. Eysel-Gosepath, K., Gerhards, F., Schicketanz, K.H., Teichmann, K., Benthien, M.: Aufmerksamkeitslenkung in der Tinitustherapie. Vergleich von Effekten unterschiedlicher Behandlungsmethoden. HNO **52**, 431–438 (2004)
89. Jansen, G., Klosterkötter, W.: Lärm und Lärmwirkungen. Ein Beitrag zur Klärung von Begriffen Bundesminister des Innern (Hrsg.), Bonn (1980)
90. Neus, H., Schirmer, G., et al.: Zur Reaktion der Fingerpulsamplitude auf Belärmung. Int. Arch. Occup. Environ. Health **47**, 9–19 (1980)
91. Rebentisch, E., Lange-Asschenfeld, H., Ising, H.: Gesundheitsgefahren durch Lärm. Kenntnisstand der Wirkungen von Arbeitslärm, Umweltlärm und lauter Musik. BGA-Schriften, Bd. 1/94. MMV Medizin Verlag, München (1984)
92. Babisch, W.: Stress hormones in the research on cardiovascular effects of noise. Noise Health **5**(18), 1–11 (2003)
93. Maschke, C., Hecht, K.: Stress and noise – the psychological/physiological perspective and current limitations. In: Luxon, L., Prasher, D. (Hrsg.) Noise and Ist Effects. Wiley, Chichester (2007)
94. Schmidt, F.P., Basner, M., Kröger, G., Weck, S., Schnorbus, B., Muttray, A., Sariyar, M., Binde, H., Tommaso, G., Warnholtz, A., Münzel, T.: Effect of nighttime aircraft noise exposure on endothelial function and stress hormone release in healthy adults. Eur. Heart J. **34**, 3508–3514 (2013)
95. Jansen, G.: Auswirkungen von Lärm auf den Menschen. VGB Kraftwerkstechnik **72**(1), 60–64 (1992)
96. Maschke, C., Harder, J., Ising, H., Hecht, K., Thierfelder, W.: Stress hormon changes in persons exposed to simulated night noise. Noise Health **5**(17), 35–45 (2003)
97. Maschke, C., Hecht, K.: Noise induced stress – a pathogenic factor? (revised version). In: WHO Document, END-Meeting, Risk Assessment of Environmental Noise, Bonn, 15–16.05.2008 (2008)
98. Born, J., Fehm, H.L.: The neuroendocrine recovery function of sleep. Noise Health **7**, 25–37 (2000)
99. Basner, M., Babisch, B., Davis, A., Brink, M., Clark, C., Janssen, S., Stansfeld, S.: Auditory and non-auditory effects of noise on health. Lancet **383** (9925), 1325–1332 (2013)
100. Maschke, C., Hecht, K., Niemann, H.: Effects of noise before, during and after pregnancy. In: Proceedings of the International Congress Noise Control Engineering, The Hague (2001)
101. Maschke, C., Niemann, H.: Lärmbedingte Schlafstörungen. In: Wichmann, S., Fülgraff, G. (Hrsg.) Handbuch der Umweltmedizin: Toxikologie, Epidemiologie, Hygiene, Belastungen, Wirkungen, Diagnostik, Prophylaxe. Ecomed Verlagsgesellschaft, Landsberg (2014)
102. Münzel, T., Gori, T., Babisch, W., Basner, M.: Cardiovascular effects of environmental noise exposure. Eur. Heart J. **35**(13), 829–836 (2014)
103. WHO, World Health Organisation: Night Noise Guidelines for Europe. World Health Organisation, Copenhagen (2009)
104. Guski, R., Basner, M., Brink, M.: Gesundheitliche Auswirkungen nächtlichen Fluglärms: aktueller Wissensstand. Im Auftrag des Ministeriums für Klimaschutz, Umwelt, Landwirtschaft, Natur- und Verbraucherschutz des Landes Nordrhein-Westfalen, Fakultät für Psychologie der Ruhr-Universität. Bochum. 27.09.2012 (2012)

105. Interdisziplinärer Arbeitskreis für Lärmwirkungsfragen: Beeinträchtigung des Schlafes durch Lärm. Z. Lärmbekämpfung **29**, 13–16 (1982)
106. Giering, K.: Lärmwirkungen – Dosis-Wirkungsrelationen. Bericht, Förderkennzeichen 363 01 999/67. Umweltbundesamt (2010)
107. Basner, M., Buess, H., Elmenhorst, D., Gerlich, A., Luks, H., Maass, H., Mawet, L., Müller, E.W., Müller, U., Plath, G., Quehl, J., Samel, A., Schulze, M., Vejvoda, M., Wenzel, J.: Nachtfluglärmwirkungen, Bd. 1. Deutsches Zentrum für Luft- und Raumfahrt, Forschungsbericht 2004-07/D. Köln (2004)
108. Basner, M., Samel, A.: Die Umsetzung der DLR-Studie in einer lärmmedizinischen Beurteilung für ein Nachtschutzkonzept. Z. Lärmbekämpfung **52**(4), 109 (2005)
109. Greiser, E.: Wie verallgemeinerungsfähig sind die Empfehlungen der sogenannten Fluglärm-Synopse und der DLR-Studie zum Nachtflug-Lärm – eine epidemiologische Bewertung. In: Oldiges, M. (Hrsg.) Der Schutz vor nächtlichem Fluglärm. Leipziger Schriften zum Umwelt- und Planungsrecht, Bd. 10. Nomos-Verlag, Baden-Baden (2007)
110. Maschke, C.: Health risks by nocturnal aircraft noise – do persons exposed get more ill on average? Fortschritte der Akustik – DAGA 2009, Rotterdamm (2009)
111. Maschke, C., Niemann, H.: Lärmbedingte Schlafstörungen. In: Wichmann, H.-E., Schlipköter, H.-W., Fülgraff, G. (Hrsg.) Handbuch der Umweltmedizin: Toxikologie, Epidemiologie, Hygiene, Belastungen, Wirkungen, Diagnostik, Prophylaxe. Kapitel VII-1 Lärm. 52. Erg. Lfg., Ecomed Verlagsgesellschaft, Landsberg (2014)
112. EC, European Commission.: Position paper on dose-effect relationships for night time noise. Working Group on Health and Socio-Economic Aspects 2004, Brussels (2004)
113. Miedema, H.M.E., Passchier-Vermeer, W., Vos, H.: Elements for a position paper on night-time transportation noise and sleep disturbance, TNO-Inro report 2002-59. Delft (2003)
114. Janssen, S.A., Vos, H.: A comparison of recent surveys to aircraft noise exposureresponse relationships. Report TNO-034-DTM-2009-01799. (2009)
115. Sust, C.: Geräusche mittlerer Intensität – Bestandsaufnahme ihrer Auswirkungen. Schriftenreihe der Bundesanstalt für Arbeitsschutz, Dortmund, Fb 497. Wirtschaftsverlag NRW, Bremerhaven (1987)
116. Interdisziplinärer Arbeitskreis für Lärmwirkungsfragen: Wirkungen von Lärm auf die Arbeitseffektivität. Z. Lärmbekämpfung **30**, 1–3 (1983)
117. Bullinger, M., Hygge, S., Evans, G.W., Meis, M., von Mackensen, S.: The psychological cost of aircraft noise for children. Zentralbl. Hyg. Umweltmed. **202** (2–4), 127–138 (1999)
118. Klatte, M., Bergström, K., Lachmann, T.: Does noise affect learning? A short review on noise effects on cognitive performance in children. Front. Psychol. **4**, 578. Published online 2013 August 30. doi: 10.3389/fpsyg.2013.00578 (2013)
119. Stansfeld, S.A., Berglund, B., Clark, C., Lopez-Barrio, I., Fischer, P., Ohrström, E., Haines, M.M., Head, J., Hygge, S., van Kamp, I., Berry, B.F.: Aircraft and road traffic noise and childrens cognition and health: a cross-national study. Lancet **365**(9475), 1942–1949 (2005)
120. Diekelmann, S., Born, J.: The memory function of sleep. Nat. Rev. Neurosci. **11**(2), 114–126 (2010)
121. Wilhelm, I., Prehn-Kristensen, A., Born, J.: Sleep-dependent memory consolidation – what can be learnt from children? Neurosci. Biobehav. Rev. **36**(7), 1718–1728 (2012)
122. Schlarb, A.A., Milicevic, V., Schwerdtle, B., Nuerk, H.C.: Die Bedeutung von Schlaf und Schlafstörungen für Lernen und Gedächtnis bei Kindern – ein Überblick. Lernen Lernstörungen **1**(4), 255–280 (2012)
123. Cannon, W.B.: Neural organisation of emotional expression. In: Mirchinson, C. (Hrsg.) Feeling and Emotions. Worcester, Clark University Press (1928)
124. Felker, B., Hubbard, J.R.: Influence of mental stress on the endocrine system. In: Workman, E.A., Hubbard, J.R. (Hrsg.) Handbook of Stress Medicine – An Organ System Approach, S. 69–86. CRC Press, Boca Raton (1998)
125. Simonov, P.W.: Widerspiegelungstheorie und Psychophysiologie der Emotionen. Verlag Volk und Gesundheit, Berlin (1975)
126. Niemann, H., Bonnefoy, X., Braubach, M., Hecht, K., Maschke, C., Rodrigues, C., Röbbel, N.: Noise-induced annoyance and morbidity results from the pan-European LARES study. Noise Health **8**(31), 63–79 (2006)
127. Miedema, H.M.E., Vos, H.: Exposure-response relationships for transportation noise. J. Acoust. Soc. Am. **104**(6), 3432–3445 (1998)
128. Miedema, H.M.E., Oudshoorn, C.G.M.: Annoyance from transportation noise: relationships with exposure metrics DNL and DENL and their confidence intervals. Environ. Health Perspect. **109**, 409–416 (2001)
129. Miedema, H.M.E.: Relationship between exposure to multiple noise sources and noise annoyance. J. Acoust. Soc. Am. **116**(2), 949–957 (2004)
130 European Commission: Position paper on dose response relationships between transportation Noise and Annoyance. Office for Official Publications of the European Communities, Luxemburg (2002)
131. Babisch, W., Dutilleux, G., Paviotti, M., Backman, A., Gergely, B., McManus, B., Bento Coelho, L., Hinton, J., Kephalopoulos, S., van den Berg, M., Licitra, G., Rasmussen, S., Blanes, N., Nugent, C., de Vos, P., Bloomfield, A.: Good practice guide on noise exposure and potential health effects. European environmental agency (EEA) Technical report No. 11/2010 (2010)
132. Fields, J.M., de Jong, R., Gjestland, T., Flindell, I. H., Job, R.F.S., Kurra, S., Lercher, P., Vallet, M., Yano, T., Guski, R., Felscher-Suhr, U., Schuemer,

R.: Standardized general-pupose noise reaction questions for community noise surveys: research and a recommendation. J. Sound Vib. **242**(4), 641–679 (2001)
133. Schuschke, G., Maschke, C.: Lärm als Umweltfaktor. In: Dott, M. et al. (Hrsg.) Lehrbuch der Umweltmedizin. Wissenschaftliche Verlagsgesellschaft mbH, Stuttgart (2001)
134. Maschke, C., Harder, J.: Umweltmedizinischer Handlungsbedarf bei der Lärmexposition. Das Gesundheitswesen **60**, 1–8 (1998)
135. Hörmann, H.: Der Begriff der Anpassung in der Lärmforschung. Psychol. Beiträge **16**, 152–167 (1974)
136. Babisch, W.: Transportation Noise and Cardiovascular Risk, Review and Synthesis of Epidemiological Studies, Dose-effect Curve and Risk Estimation. WaBoLu-Hefte 01/06. Umweltbundesamt, Berlin (2006)
137. Friedman, M., Rosenman, R.H.: Type A Behavior and Your Heart. Alfred A Knopf Inc, New York (1974). Griefahn, B: Schlafverhalten und Geräusche. Enke Verlag, Stuttgart (1985)
138. Lundberg, U.: Coping with stress: neuroendocrine reactions and implications for health. Noise Health **4**, 67–74 (1999)
139. Babisch, W.: Gesundheitliche Wirkungen von Umweltlärm. Lärmbekämpfung **47**(3), 95–102 (2000)
140. Babisch, W.: Updated exposure-response relationship between road traffic noise and coronary heart diseases: a meta-analysis. Noise Health **16**, 1–9 (2014)
141. Jarup, L., Babisch, W., Houthuijs, D., Pershagen, G., Katsouyanni, K., Cadum, E., Vigna-Taglianti, F.: Hypertension and exposure to noise near airports – the HYENA study. Environ. Health Perspect. **116**(3), 329–333 (2008)
142. Umweltbundesamt: Fluglärm macht krank, Presseinformation Nr. 09/10. Umweltbundesamt, Berlin (2010)
143. Huss, A., Spoerri, A., Egger, M., Röösli, M.: Aircraft noise, air pollution, and mortality. From myocardial infarction. Epidemiology **21**(6), 829–883 (2010)
144. Correia, A.W., Peters, J.L., Levy, J.I., Melly, S., Dominici, F.: Residential exposure to aircraft noise and hospital admissions for cardiovascular diseases: multi-airport retrospective study. BMJ **347**, f5561 (2013). doi:10.1136/bmj.f5561
145. Greiser, E.: Risikofaktor nächtlicher Fluglärm. Abschlussbericht über eine Fall-Kontroll-Studie zu kardiovaskulären und psychischen Erkrankungen im Umfeld des Flughafens Köln-Bonn. Förderkennzeichen 3708 51 101, Schriftenreihe Umwelt & Gesundheit 01/2010. Umweltbundesamt, Dessau (2010)
146. Hansell, A.L., Blangiardo, M., Fortunato, L., Floud, S., De Hook, K., Fecht, D., Ghosh, R.E., Laszlo, H., Pearson, C., Beale, L., Beevers, S., Gulliver, J., Best, N., Richardson, S., Elliott, P.: Aircraft noise and cardiovascular disease near Heathrow airport in London: small area study. BMJ (2013). doi:10.1136/bmj.f5432
147. Sørensen, M., Hvidberg, M., Andersen, Z.J., Norsborg, R.B., Lillelund, K.G., Jakobsen, J., Tjønneland, A., Overvad, K., Raaschou-Nielsen, O.: Road traffic noise and stroke: a prospective cohort study. Eur. Heart J. **32**, 737–744 (2011)
148. Babisch, W.: Road Traffic Noise and Cardiovascular Risk. Noise Health **10**(38), 27–33 (2008)
149. Guski, R.: Lärm: Wirkungen unerwünschter Geräusche. Hans Huber, Stuttgart (1987)
150. Lercher, P., Widmann, U.: Der Beitrag verschiedener Akustik-Indikatoren für eine erweiterte Belästigungsanalyse in einer komplexen akustischen Situation nach Lärmschutzmaßnahmen. In: Fortschritte der Akustik, DAGA ’98. Zürich (1998)
151. Fields, J.M.: The timing of noise-sensitive activities in residential areas. Nasa contractor report 177937, Hampton (1985)
152. Schreckenberg, D., Guski, R.: Lärmbelästigung durch Straßen- und Schienenverkehrslärm zu unterschiedlichen Tageszeiten. Umweltmed. Forsch. Praxis **10**(2), 67–76 (2005)
153. Wirth, K., Brink, M., Schierz, C.: Lärmstudie 2000. Zentrum für Organisations- und Arbeitswissenschaften. ETH Zürich, Zürich/Schweiz (2006)
154. Hecht, K., Maschke, C., et al.: Lärmmedizinisches Gutachten DA-Erweiterung Hamburg. Institut für Stressforschung (ISF), Berlin (1999)
155. McKennell, A.C.: Aircraft Noise Annoyance Around Heathrow Airport. Her Majesty’s Stationary Office, London (1963)
156. Hatfield, J., Job, R.F.S., et al.: Demographic variables may have a greater modifying effect on reaction to noise when noise exposure changes. In: Noise-Effects ’98, 7th International Congress on Noise as a Public Health Problem,Bd. 2, S. 527–530, Sydney (1998)
157. Guski, R.: Psychological determinants of train noise annoyance. Euro-Noise **98**(1), 573–576 (1998)
158. Guski, R.: Fluglärmwirkungen – auch eine Sache des Vertrauens. Fortschritte der Akustik, DAGA ’98, S. 28–29 (1998)
159. Guski, R.: Psychosoziale Lärmwirkungen. In: Wichmann, H.-E., Schlipköter, H.-W., Fülgraff, G. (Hrsg.) Handbuch der Umweltmedizin: Toxikologie, Epidemiologie, Hygiene, Belastungen, Wirkungen, Diagnostik, Prophylaxe. Kapitel VII-1 Lärm. 52. Erg. Lfg., Ecomed Verlagsgesellschaft, Landsberg (2014)
160. Genuit, K., Fiebig, A., Schulte-Fortkamp, B.: Relationship between environmental noise, sound quality, soundscape. J. Acoust. Soc. Am. **132**(3), 1924 (2012)
161. Fastl, H.: Roughness and temporal masking patterns of sinusoidally amplitude-modulated broadband noise. In: Evans, E.F., Wilson, J.P. (Hrsg.) Psychophysics and Physiology of Hearing, S. 403–414. Academic, London (1977)
162. Fastl, H.: Subjective duration and temporal masking patterns of broadband noise impulses. J. Acoust. Soc. Am. **61**, 162–168 (1977)

163. Fastl, H.: Fluctuation strength and temporal masking patterns of amplitude modulated broadband noise. Hear. Res. **8**, 59–69 (1982)
164. Fastl, H.: Beschreibung dynamischer Hörempfindungen anhand von Mithörschwellen-Mustern. Hochschulverlag, Freiburg (1982)
165. Fastl, H.: Psychoacoustic basis of sound quality evaluation and sound engineering. In: Eberhardtsteiner, J., Mang, H.A., Waubke, H. (Hrsg.) Proceedings of 13th International Congress on Sound and Vibration ICSV13. Vienna 02.–06.06.2006 (2006)
166. Fastl, H.: Die Münchener Schule der Psychoakustik. Acustica/Acta Acustica/Nuntius Acusticus. **92**(1), 1–6 (2006)
167. Fastl, H.: Advanced procedures for psychoacoustic noise evaluation. In: Proceedings of 6th European Conference on Noise Control EURONOISE 2006, European Acoustics Association (EAA), Tampere. 30.05.–01.06.2006. Abstract: Acta Acust. United Ac, 05/06.2006, **92**(Suppl. 1), 10 (2006)
168. Kloepfer, M., Griefahn, B., Kaniowski, A.M., Klepper, G., Lingner, S., Steinebach, G., Wysk, P.: Aurale Effekte. Wissenschaftsethik Technikfolgenbeurteilung **28**, 129–130 (2006)
169. Kloepfer, M., Griefahn, B., Kaniowski, A.M., Klepper, G., Lingner, S., Steinebach, G., Wysk, P.: Sekundäre Lärmwirkungen. Wissenschaftsethik Technikfolgenbeurteilung **28**, 151–164 (2006)
170. Terhardt, E.: Zur Tonhöhenwahrnehmung von Klängen. I. Psychoakustische Grundlagen. Acustica **26**, 173–186 (1972)
171. Terhardt, E.: Zur Tonhöhenwahrnehmung von Klängen. II. Ein Funktionsschema. Acustica **26**, 187–199 (1972)